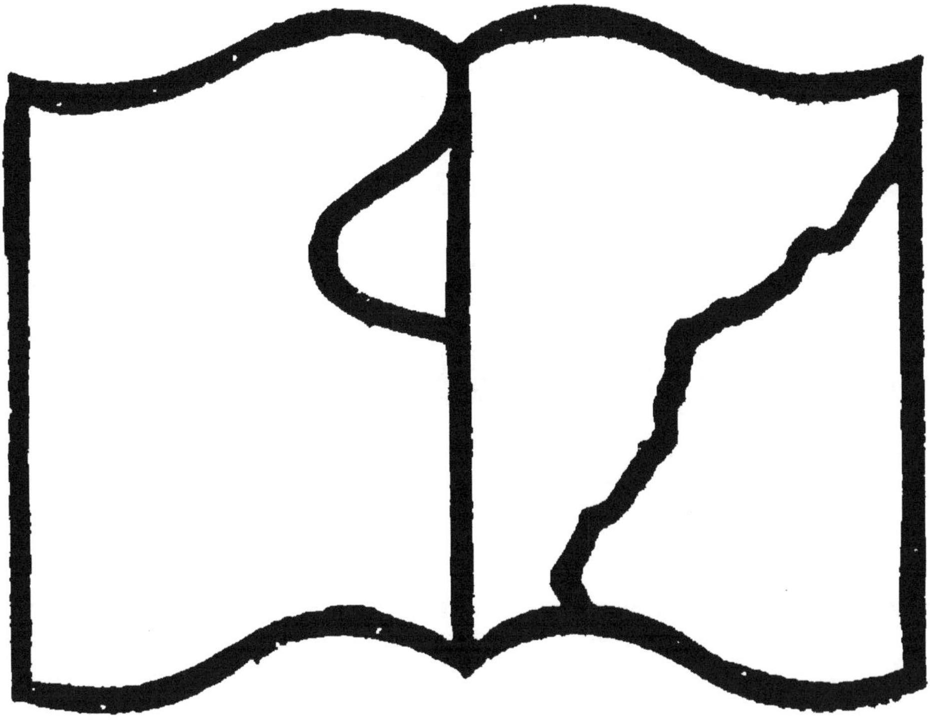

Texte détérioré — reliure défectueuse
NF Z 43-120-11

MANIPULATIONS DE PHYSIQUE

à l'usage des élèves de l'enseignement secondaire,
des écoles d'agriculture, de commerce et d'industrie,
et des candidats au certificat d'études P. C. N.
et aux certificats d'études supérieures

PHYSIQUE GÉNÉRALE

PAR

P. VAILLANT
Agrégé de l'Université
Docteur ès-sciences.
Chef de travaux à la Faculté
des Sciences de Lyon

J. THOVERT
Docteur ès-sciences
Préparateur à la Faculté
des Sciences de Lyon

PARIS

LIBRAIRIE POLYTECHNIQUE. CH. BÉRANGER, ÉDITEUR
Successeur de BAUDRY & Cⁱᵉ
15, RUE DES SAINTS-PÈRES
MÊME MAISON A LIÉGE : 21, RUE DE LA REGENCE

Prix : 3 francs

M. BECHMANN, ingénieur en chef de la ville de Paris. *Distributions d'eau et assainissement*, 2ᵉ édition, 2 vol. Chaque volume. . . . . 20 fr.

M. COLSON, conseiller d'État. *Cours d'économie politique*, 3 vol. Chaque volume . . . . 10 fr.

M. L. DURAND CLAYE, inspecteur général des ponts et chaussées. *Chimie appliquée a l'art de l'Ingénieur*, en collaboration avec MM DÉBÔME et l'ERFI, deuxième édition, considérablement augmentée . . 15 fr

M. FLAMANT, inspecteur général des ponts et chaussées. *Mécanique générale* (Cours de l'École centrale), 1 vol. de 544 p , avec 203 fig. 20 fr

— *Stabilité des constructions et Résistance des matériaux*, deuxième édition, 670 pages, avec 270 figures . . . . 25 fr

M. GARIEL, inspecteur général des ponts et chaussées. *Traité de physique*, 2 vol., 448 figures . . . . 20 fr.

M. HIRSCH *Cours de machines à vapeur et locomotives*, 1 vol. 510 pages, 314 figures. . . . . 15 fr.

M. NIVOIT, inspecteur général des mines *Cours de géologie*, deuxième édition, 1 vol avec carte géologique de la France . 615 pages, 429 figures et un tableau des formations géologiques de 7 pages 20 fr.

M. DORION. *Cours d'exploitation des mines*, 1 vol. de 692 pages avec 1.100 figures . . . . 25 fr.

M. MONNIER. *Electricité industrielle*, cours professé a l'École centrale, deuxième édition considérablement augmentée, 1 vol. de 826 pages; 404 très belles figures de l'auteur . . . . 25 fr.

M. Mᵉˡ PELLETIER. *Droit industriel*, cours professé à l'École centrale, 1 vol . . . . 15 fr.

M. CHESNEAU, professeur a l'École supérieure des Mines. *Lois générales de la chimie*, 1 vol. avec 37 fig . . . . 7 fr 50

M. THIÉRY. *Restauration des montagnes*, avec une *Introduction* par M LECHALAS père. Vol de 442 pages, avec 173 figures . . . . 15 fr.

M. CHARPENTIER DE COSSIGNY, ingénieur civil des mines, lauréat de la Société des agriculteurs de France. *Hydraulique agricole*, deuxième édition, 1 vol. avec 160 figures . . . . 15 fr.

M. le Dʳ DUCHESNE, ancien président de la Société de médecine pratique. *Hygiène générale et Hygiène industrielle*, ouvrage rédigé conformément au programme du *Cours d'hygiene industrielle* de l'École centrale 1 vol. de 740 pages, avec figures . . . . 15 fr.

MM. ROUCHÉ (de l'Institut) et Lucien LÉVY. *Calcul infinitésimal a l'usage des ingénieurs*, 2 vol. de 557 et 829 pages. Chaque volume . 15 fr.

M Léon APPERT, président de la Société des Ingénieurs civils et J HENRIVAUX, directeur de la manufacture de Saint Gobain. *Verre et verrerie*, 1 vol. et 1 atlas. . . . . 20 fr.

MM. GUIGNET, DOMMER et GRANDMOUGIN (de Mulhouse). *Blanchiment et apprêts ; teinture et impression, matières colorantes*, 1 vol. de 674 pages, avec 308 figures et échantillons de tissus imprimés. . 30 fr.

M. BOURRY, ingénieur des Arts et Manufactures. *Traité des Industries céramiques*, 1 vol. de 755 pages avec 349 fig. ou groupes de fig. et une planche (Cet ouvrage a été traduit en anglais) . . . . 20 fr.

M Henri de LAPPARENT, inspecteur général de l'agriculture. *Le vin et l'eau de-vie de vin*, 1 vol. de 545 p., 110 figures et 28 cartes . 12 fr.

M. FABRE *Industries photographiques*, 1 vol. . . . . . . 18 fr.

MM MEUNIER, VANEY et VIGNON, *La Tannerie*, 1 vol. de 650 pages avec 98 figures. 20

MANIPULATIONS
DE
PHYSIQUE GÉNÉRALE

ERRATUM

Pages 65 lignes 6 et 7 en remontant et
— 66 ligne 5 dans le tableau $\Big\}$ *au lieu de α, lire θ.*

MANIPULATIONS DE PHYSIQUE

Manuel à l'usage des élèves de l'enseignement secondaire,
des Écoles d'agriculture, de commerce et d'industrie,
et des candidats au certificat d'études P. C. N.
et aux certificats d'études supérieures.

PHYSIQUE GÉNÉRALE

PAR

P. VAILLANT
Agrégé de l'Université
Docteur ès-sciences.
Chef de travaux à la Faculté
des Sciences de Lyon.

J. THOVERT
Docteur ès-sciences.
Préparateur à la Faculté
des Sciences de Lyon.

PARIS

LIBRAIRIE POLYTECHNIQUE. CH. BÉRANGER, ÉDITEUR
Successeur de BAUDRY & Cⁱᵉ
15, RUE DES SAINTS-PÈRES
MÊME MAISON A LIÈGE : 21, RUE DE LA RÉGENCE

Prix : 3 francs

AVANT-PROPOS

Le petit ouvrage que nous présentons aux étudiants s'adresse à ceux qui, débutant dans l'étude des sciences physiques, ignorent, non seulement la manœuvre des appareils, mais encore, le plus souvent, la signification des grandeurs qu'on leur demande de mesurer.

Le nombre toujours croissant de ces étudiants de première année fait qu'il n'est guère possible au chef de travaux de suivre le professeur dans son cours. Par suite de l'obligation où il se trouve de répartir, entre tous, les instruments dont il dispose, certains étudiants sont contraints à manipuler, dès le début, des appareils dont le mécanisme et le fonctionnement ne leur seront normalement indiqués que beaucoup plus tard.

Dans ces conditions, non seulement le travail effectué n'est d'aucun profit pour celui qui l'exécute, mais il fait naître chez lui la sensation décourageante de difficultés, peu en rapport avec la réalité.

C'est avant tout le souci d'éviter aux débutants ce découragement exagéré, de leur rendre leurs manipulations plus profitables, qui nous a guidés dans la rédaction de ce petit manuel de travaux pratiques.

L'étudiant y trouvera, en même temps que la marche à suivre dans chaque mesure particulière, quelques données simples sur la signification des grandeurs à mesurer, sur les relations qui lient ces grandeurs entre elles, sur les principes théoriques et expérimentaux servant de base à la mesure. Ces explications, qu'on a cherché à rendre aussi claires que possible, manquent parfois de précision. Elles ont d'ailleurs uniquement pour objet de permettre à l'étudiant d'*attendre* les explications plus complètes et plus rigoureuses du professeur.

Il est bien entendu, d'autre part, que les quelques travaux pratiques que nous indiquons sont loin de constituer l'ensemble de ceux qu'il est possible d'effectuer avec les ressources ordinaires des salles de manipulations. C'est uniquement la liste de ceux qu'exécutent, à la Faculté des sciences de Lyon, les candidats au certificat P. C. N. et aux certificats d'Etudes supérieures de Physique générale et de Physique industrielle.

INTRODUCTION

1. — Les manipulations ou exercices pratiques de physique ont pour but de mettre l'élève en contact avec les appareils servant à l'application des principes enseignés au cours et de lui montrer des exemples de mesures ; ce sont rarement des expériences de précision, mais, en usant de quelques remarques convenables, elles peuvent en constituer l'apprentissage.

L'élève doit connaître tout d'abord le phénomène à l'étude duquel il doit consacrer la séance d'expériences. C'est pour aider à cette connaissance que les exercices décrits dans cet ouvrage sont précédés d'un rappel des notions essentielles à chaque manipulation ; il arrive généralement en effet que dans les laboratoires de physique on est obligé de faire manipuler les élèves sur des questions que les cours n'ont pas encore développées.

En arrivant au laboratoire, l'élève commencera par examiner la nature des appareils mis à sa disposition, leur mode de fonctionnement, leur mode d'assemblage pour la réalisation de l'expérience qu'il doit faire ; il fera même une expérience préliminaire pour se rendre compte qualitativement du phénomène à observer (à moins que cela ne doive gêner les mesures ultérieures).

Le fonctionnement du dispositif expérimental étant alors compris et assuré, l'élève procède aux observations proprement dites suivant le mode opératoire indiqué pour chaque manipulation.

Il faut évidemment faire les observations sans parti pris et les inscrire *toutes* sur un carnet sous la forme même des lectures ; il est bon de noter également l'instant de l'observation et aussi toutes les circonstances qui peuvent frapper l'esprit pendant l'expérience.

Aucune trace d'observation originale ne doit être perdue,

et, sur le carnet, ces inscriptions de lecture doivent toujours être distinguées des résultats dérivés ultérieurement par le calcul. Si en effet l'observation est faite soigneusement, et cela ne demande en général que des précautions très simples, les faits et les nombres enregistrés ont une valeur indéniable et toujours utilisable.

Les observations comportent en général des lectures de graduations, quelquefois des observations d'équilibres (méthodes de zéro). Dans les appareils de physique, les graduations sont souvent pourvues d'un vernier accompagnant l'index mobile ; dans les applications techniques, cet élément d'appréciation n'existe généralement pas. Dans tous les cas il est bon de s'accoutumer à l'estimation du 1/10 de division à simple vue. On acquiert facilement cette habitude en mesurant fréquemment la distance entre deux points marqués arbitrairement sur une feuille de papier avec un double décimètre. On s'aidera d'abord de la division en demi-millimètre ; en observant avec une loupe on estime sans erreur le 1/5 de ces divisions ; on s'exerce ensuite à lire le 1/10 des intervalles sur la division en millimètres.

En même temps que les observations, il faut noter également l'*approximation* de la valeur numérique qui les traduit. Cette approximation est de nature variable. Si l'observation ne peut être répétée, on note simplement l'approximation de *lecture*, par exemple le 1/10 d'une division estimé à simple vue comme on vient de le dire, ou bien l'unité dernière donnée par l'usage du vernier ; ainsi, sur un goniomètre dont le cercle est divisé en demi-degrés, un vernier au 1/30 permettra de lire la position d'une alidade à une minute près. Mais il ne faut pas considérer l'indication obtenue ainsi comme l'approximation de l'*observation*.

Si on peut répéter l'observation, et il faut toujours le faire si le phénomène observé reste invariable ou peut se répéter pendant un certain temps, on obtient une idée de l'approximation totale de l'observation par l'écart qui se manifeste entre plusieurs lectures successives. Dans certaines manipulations on observe le déplacement d'une image lumineuse sur une échelle divisée en millimètres ; s'il s'agissait d'un repère en équilibre on apprécierait sa position à une certaine fraction de millimètre ; mais, comme il s'agit d'observer la limite d'écart de ce repère, on juge difficilement de l'exactitude de la lecture à moins de la répéter. En faisant trois ou quatre observations, on se rendra compte que le chiffre observé peut varier d'un ou deux millimètres ; on fera la moyenne des lectures et l'écart par rapport à cette moyenne mesurera l'approximation du nombre adopté.

L'erreur ainsi déterminée est évidemment toujours plus grande que celle qui pourrait résulter de la seule lecture de la graduation ; elle comporte en effet l'intervention de toutes les circonstances de l'observation en dehors de la graduation proprement dite, instruments servant au pointé, nature du phénomène examiné et même oscillation du phénomène autour de sa valeur supposée invariable pendant la répétition des mesures.

L'approximation s'accroît avec le nombre des mesures répétées, mais assez lentement et on se contente en général de faire trois lectures qui suffisent à la détermination de l'écart moyen.

2. Calcul des résultats.

— Les données expérimentales sont généralement reliées par une formule comprenant une quantité que l'expérience avait précisément pour but de déterminer On exprime d'abord la valeur de cette quantité inconnue par la formule littérale.

Par exemple, l'expérience de calorimétrie par la méthode des mélanges est soumise à la relation :

$$(Px + \pi c)(T - \theta) = (M + pc + p'c' + p''c'')(\theta - t)$$

où t et θ sont les températures initiale et finale de l'eau du calorimètre, T la température à laquelle a été chauffé le corps dont on cherche la chaleur spécifique ; P est la masse de ce corps, x sa chaleur spécifique inconnue; M la masse de l'eau du calorimètre pour laquelle la chaleur spécifique est considérée égale à l'unité; π, p, sont les masses respectives d'un panier qui supporte le corps étudié et de l'enveloppe du calorimètre, tous deux en laiton de chaleur spécifique c ; p', p'', les masses de verre et de mercure du thermomètre plongé dans l'eau du calorimètre ; c', c'', les chaleurs spécifiques correspondantes. x étant la quantité inconnue à calculer, on écrit d'abord :

$$x = \frac{(M + pc + p'c' + p''c'')(\theta - t) - \pi c(T - \theta)}{P(T - \theta)}.$$

L'expérience a été consacrée à déterminer les valeurs numériques de toutes les quantités qui entrent dans la formule, et le résultat sera connu en effectuant les calculs numériques indiqués.

Le moyen le plus efficace pour éviter toute erreur grossière dans ces calculs, c'est de déterminer d'abord, par un simple calcul mental, la grandeur approximative du résultat, en employant des chiffres simples et des puissances de 10 comme multiplicateurs; on néglige naturellement dans une somme de quantités celles qui sont très petites.

Ainsi, supposons que les données expérimentales de l'expérience de calorimétrie soient exprimées par les nombres suivants :

$$M = 800 \text{ grammes}$$
$$P = 342 \text{ gr. } 75 \qquad\qquad T = 97°5$$
$$\left.\begin{array}{l} \pi = 21 \text{ gr. } 64 \\ p = 58 \text{ gr. } 23 \end{array}\right\} \ c = 0{,}094 \qquad t = 18°25$$
$$\qquad\qquad\qquad\qquad\qquad\qquad\quad \theta = 22°17$$
$$p' = 8 \text{ gr. } 12 \qquad c' = 0{,}19$$
$$p'' = 10 \text{ gr. } 37 \qquad c'' = 0{,}033$$

On néglige d'abord les termes pc, $p'c'$, $p''c''$, πc, devant les termes principaux M et P et on écrit la formule numérique sous la forme suivante :

$$x = \frac{8 \times 10^2 \times 4}{3 \times 10^2 \times 80}.$$

qui donne comme résultat approché $\dfrac{4}{30}$ soit $0{,}13$. Ce résultat est évidemment très peu exact, mais il fixe parfaitement l'ordre de grandeur de la quantité cherchée qui doit être voisine de $0{,}1$. On peut donc entreprendre ensuite le calcul exact et, si une erreur de calcul amenait un résultat de l'ordre de l'unité, ou de l'ordre dés centièmes, on en conclurait à un déplacement malencontreux de la virgule dans le cours des opérations.

Pour le calcul numérique, il faut tenir compte de l'approximation des nombres qui entrent dans la formule. Dans l'exemple cité, la détermination la moins précise est certainement celle de la différence de température $\theta\text{-}t$; elle est égale, d'après les valeurs numériques données, à $3°92$; mais il est à remarquer que l'élève n'a pas en général été mis en présence de thermomètres au 1/100 de degré ; s'il a un bon thermomètre au 1/10, avec les précautions de lecture convenables, il aura pu apprécier le quart de la division de sorte que les 392 centièmes de degré trouvés ne sont connus qu'à 5 centièmes près, l'erreur relative de cette quantité est donc environ de $\dfrac{5}{400} = \dfrac{1}{80}$. Pour conserver une approximation numérique de cet ordre de grandeur, on prendra pour règle du calcul de garder 3 chiffres significatifs dans les expressions des différents facteurs (1). Ainsi M étant égal à 800, les quantités à ajouter pc, $p'c'$, $p''c''$ ne seront déterminées qu'à une unité près, 3 chiffres étant suffisants pour l'expression de la somme.

On calculera : $58 \times 0,094 = 5$
$8 \times 0,19 = 2$
$10 \times 0,033 = 0$
et $M + pc + p'c' + p''c'' = 807$.

Le produit $807 \times 3,92$ s'écrira 3.160.
On en retranche le produit :

$$\pi c\,(T - \theta) = 21,6 \times 0,094 \times 75,3 = 153,$$

ce qui donne 3.010 pour valeur du numérateur de la valeur de x.

Le dénominateur sera calculé sous la forme :

$$P\,(T - \theta) = 343 \times 75,3 = 24.300,$$

ce qui donnera pour x le quotient :

$$x = \frac{3.010}{24.300} = 0,124.$$

Le résultat obtenu doit être accompagné de l'indication de l'erreur qui peut l'affecter.

Pour l'exemple choisi, l'un des facteurs $(\theta - t)$ comporte une approximation assez faible pour que l'emploi de trois chiffres dans les calculs suffise à tenir l'approximation numérique au-dessus de celle du facteur $(\theta - t)$. Ainsi dans la somme $M + pc + p'c' + p''c''$ bien que nous n'ayons conservé pour chaque partie que le chiffre des unités, on l'a pris tantôt par excès, tantôt par défaut, pour que la somme elle-même soit exacte à une unité près, ce qui lui donnait une approximation relative de $1/800$.

En définitive, dans l'opération finale $x = \dfrac{3.010}{24.300}$, l'approximation du dénominateur était réglée par notre limitation

---

(1) L'emploi de 3 chiffres donne une approximation de $1/1000$ dans les nombres > 500. Pour les nombres plus petits, il pourrait être utile, si la suite d'opérations était longue, de prendre 4 chiffres pour que l'erreur relative ne se rapprochât pas du $1/100$. Cette règle est toujours suivie si le premier chiffre significatif est l'unité.

arbitraire de l'expression numérique aux 3 premiers chiffres significatifs, tandis que le numérateur, dont le terme principal comportait $(\theta - t)$ en facteur, a précisément la même approximation que cette quantité. L'erreur relative de $\theta - t$ ayant été jugée de 1/80, il en sera de même du résultat ; c'est pourquoi on l'écrit 0,124, le dernier chiffre écrit étant celui sur lequel peut porter l'erreur qui dans ce cas a comme valeur probable 1 ou 2 unités.

En résumé, dans le calcul des résultats, on observera les règles suivantes :

1° Calculer d'une façon abrégée et grossière le résultat en faisant usage seulement du premier chiffre significatif de chaque facteur, on fixe ainsi l'ordre de grandeur du résultat ;

2° Effectuer numériquement les opérations indiquées par la formule en n'employant que le nombre de chiffres significatifs nécessaire pour tenir l'approximation numérique 10 fois plus élevée qu'on ne l'a évaluée pour la quantité expérimentale qui intervient dans le terme principal de la formule ;

3° Evaluer l'approximation probable du résultat.

Cette approximation s'évalue en tenant compte des règles relatives aux erreurs :

a) Dans les sommes ou les différences, les *erreurs absolues s'ajoutent* ; c'est pourquoi il est important de garder un chiffre significatif de plus que n'en comporte l'erreur relative maxima pour être sûr qu'une sommation de plusieurs termes n'abaissera pas le rang de l'erreur relative.

b) dans les produits et les quotients les *erreurs relatives s'ajoutent.*

Pour l'exécution pratique des calculs, il est bon de s'adresser aux procédés les plus mécaniques, de façon à diminuer autant que possible les chances d'erreur.

Dans les cas où le calcul s'effectue avec 3 chiffres significatifs, on ne saurait trop recommander l'usage de la règle à calculs. C'est le cas de la plupart des calculs relatifs aux mesures industrielles où souvent l'un des facteurs principaux est constitué par la déviation d'un galvanomètre, d'un ampère-mètre, etc., quantité dont l'approximation dépasse rarement 1/100.

A défaut de la règle à calculs, on recourra en général à la table de logarithmes qui permettra de réduire tout le calcul à une suite d'additions. Dans le cours des manipulations de laboratoire, l'approximation est au plus de l'ordre du 1/1000, et on n'aura jamais à employer plus de 4 chiffres significatifs dans les calculs. Les tables que nous donnons à la fin de l'ouvrage suffiront donc à tous les besoins.

Si on veut effectuer les opérations arithmétiques suivant les règles ordinaires. il faudra apporter grand soin à la vérification des résultats d'opérations, et la précaution la plus utile dans cette façon d'opérer est certainement de se rendre compte par un calcul mental de l'ordre de grandeur du résultat approché ; on évite toujours ainsi les grosses erreurs.

En tout cas, il est recommandable d'avoir recours aux tables de calculs faits à l'avance Nous donnons ainsi des tables numériques des carrés, cubes, racines carrées, et du produit par π des 100 premiers nombres, dont l'usage peut rendre de fréquents services.

En résumé, on doit choisir, comme procédé d'exécution de calcul, le plus *court* ; ce sera généralement le plus simple, et celui où l'opérateur interviendra le moins.

3. Compte rendu des expériences. Représentations graphiques.

— Les expériences exécutées dans une séance de manipulations font le sujet d'un compte rendu qui doit rappeler succinctement. d'abord le but de l'expérience, puis les principes physiques appliqués à ce but et l'arrangement expérimental employé à cet effet.

Les observations faites seront décrites brièvement et accompagnées de l'approximation de l'expression numérique des lectures.

Il n'est pas nécessaire de reproduire intégralement le détail des calculs numériques, mais on en marquera les phases principales par l'expression de certains résultats importants. Généralement cette expression sera présentée très clairement sous forme de tableau ; dans les différentes colonnes, on écrira successivement les valeurs numériques des quantités données ou observées, celles des quantités calculées présentant un certain intérêt et enfin les résultats mêmes qui étaient le but de l'exercice.

Lorsque l'exercice comporte l'étude d'une certaine quantité dans des circonstances variables, il faut toujours compléter le tableau des résultats par leur représentation graphique. On compte généralement sur des directions rectangulaires les longueurs représentatives, d'une part du *résultat* de l'expérience, d'autre part, d'une quantité caractéristique des circonstances dans lesquelles ce résultat a été obtenu.

Il faut avoir soin de choisir les échelles de représentation de ces quantités de façon que les deux dimensions de la figure ne soient pas disproportionnées : il est agréable de voir les courbes s'étendre également dans les deux directions de coordonnées.

Si on a marqué des axes de coordonnées, il n'est pas toujours nécessaire de les affecter de la cote 0. Par exemple, pour représenter la graduation d'un spectroscope, l'une des coordonnées est la longueur d'onde lumineuse ; or, dans la partie visible du spectre elle varie entre $0\,\mu\,4$ et $0\,\mu\,8$; la ligne marquée à partir de laquelle on comptera cette coordonnée sera cotée $0\,\mu\,4$ et non pas 0, et l'échelle sera choisie de façon que l'intervalle de $0\,\mu\,4$ à $0\,\mu\,8$, occupe une longueur à peu près égale à celle qui limitera les variations de l'autre coordonnée.

A titre d'exemple, voici un compte rendu sommaire de la partie opératoire d'une manipulation où l'on met à profit la plupart des recommandations que nous avons faites.

MESURE D'UN CHAMP MAGNÉTIQUE

Mode opératoire

On propose de déterminer, aux divers points de l'axe, le champ créé par un solénoïde cylindrique de 40 centimètres de longueur, parcouru par un courant de 1 ampère.

' Ce champ est évidemment symétrique par rapport au plan médian du solénoïde.

Pour le déterminer en un point P de l'axe, défini par sa distance x au plan médian, on place en ce point, normalement à l'axe, une bobine d'exploration de résistance r, reliée à un balistique de constante K et de résistance g, par l'intermédiaire d'une résistance additionnelle R.

On lance dans le solénoïde un courant I donné par un ampèremètre ; la bobine, dont la section est s et le nombre de spires n, est traversée par le flux :

$$\Phi = ns\mathrm{I}\mathcal{H},$$

$\mathcal{H}$ étant le champ cherché.

Lorsqu'on rompt le courant, on observe sur l'échelle divisée du balistique une élongation d ; la déviation θ correspondante est donnée par la relation :

$$\frac{d}{D} = \mathrm{tg}\ 2\theta,$$

où D est la distance de l'échelle au miroir

D'autre part, on a :

$$K \sin \frac{\theta}{2} \sqrt{\frac{d_1}{d_2}} = \frac{\Phi}{(R + r + g)\,10^2} = \frac{ns\mathfrak{IC}}{(R + r + g)\,10^2},$$

$\sqrt{\dfrac{d_1}{d_2}}$ étant le décrément logarithmique du balistique, d'où :

$$\mathfrak{IC} = \frac{10^2 K \sqrt{\dfrac{d_1}{d_2}}\,(R + r + g)}{ns} \times \frac{\sin \dfrac{\theta}{2}}{I} = M\,\frac{\sin \dfrac{\theta}{2}}{I},$$

M étant une constante.

Résultats. — 1° Calcul de M.

Données :

$$n = 1200.$$
$$s = 7\ \mathrm{cmq.}\ 30.$$
$$K = 9\ \mathrm{me}, 21.$$
$$r = 80\ \mathrm{ohms}\ 1.$$
$$\left.\begin{array}{l} g = 712\ \mathrm{ohms} \\ R = 9208\ \mathrm{ohms} \end{array}\right\}\quad R + g + r = 10^4\ \mathrm{ohms.}$$
$$D = 97\ \mathrm{centimètres}$$

D'autre part, pour $x = 0$, avec $I = 2$, on a :

$$d_1 = 213\ \mathrm{mm.}$$
$$d_2 = 167\ \mathrm{mm.}$$

De ces diverses valeurs, on déduit :

$$M = 1183.$$

2° Calcul de $\mathfrak{IC}$.

x	I amp.	d mm.	θ	$\mathfrak{IC}$ C. G. S.
0	2	213	6° 7′	31.7
5	2	201	5 48	29,9
10	2	172	5 3	26,1
15	3	200	5 46	19,6
20	4	102	2 58	7,7
25	5	23	0 40	1,4

3° **Approximation des observations :**

Pour $x = 0$ et $I = 2$, en répétant 3 fois l'observation, les déplacements d_i observés sur l'échelle sont successivement en millimètres :

$$213, \qquad 212, \qquad 215 ;$$

la moyenne est **213,3** avec un écart de **1,7** qui marque l'erreur absolue des lectures sur d. Les calculs ont été faits avec trois chiffres significatifs et ne font pas intervenir d'erreur supplémentaire. L'erreur relative maxima des $\mathcal{K}$ calculés peut donc

$$\text{varier entre } \frac{1,7}{213} \text{ et } \frac{1,7}{23} ; \text{ soit entre } \frac{1}{100} \text{ et } \frac{1}{10}.$$

Représentation graphique. — La courbe suivante (fig. 1) représente $\mathcal{K}$ en fonction de la distance x.

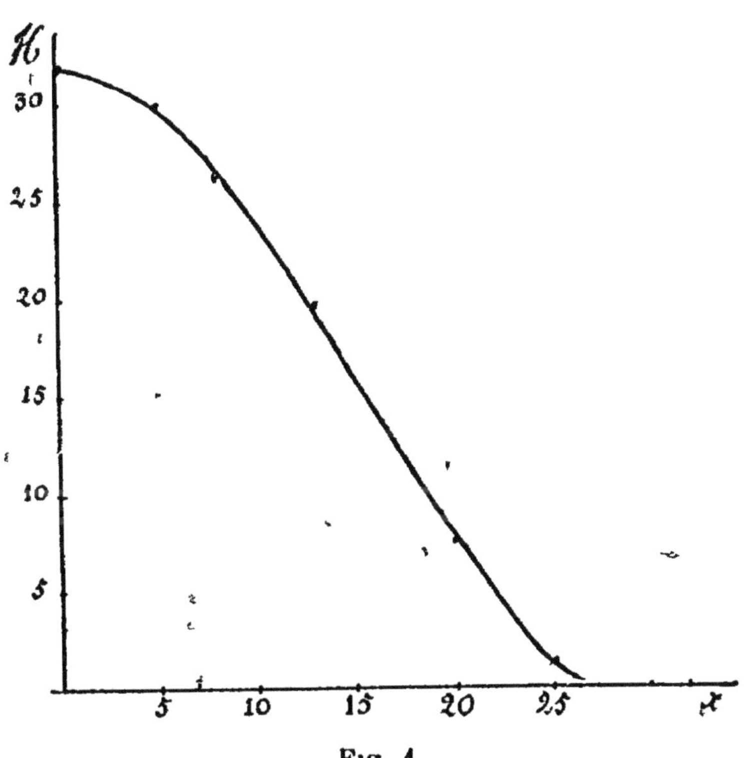

Fig 1.

MANIPULATIONS DE PHYSIQUE GÉNÉRALE

CHAPITRE PREMIER

OBSERVATIONS MÉCANIQUES ET THERMIQUES

REMARQUES SUR LES DISPOSITIFS D'OBSERVATION LES PLUS FRÉQUENTS

1. — Dans le mode opératoire des diverses manipulations de physique, certains appareils ou dispositifs reviennent très souvent : tels sont les *lunettes viseurs*, la *méthode du miroir* pour la lecture des déviations, le *vernier*.

La *lunette viseur* est une lunette astronomique simple ; elle comprend l'objectif et un oculaire généralement positif pour pouvoir mettre dans le champ d'observation un *réticule* formé de deux fils croisés très fins, tendus sur le diaphragme. L'oculaire comprend alors deux tirages : le premier déplace les lentilles oculaires par rapport au diaphragme et sert à voir nettement les fils du réticule ; le second sert à déplacer l'oculaire tout entier, réticule compris, pour voir nettement l'image de l'objet regardé donnée par l'objectif.

La mise au point du viseur comprend donc deux opérations successives : 1° mise au point du réticule ; 2° mise au point de l'objet visé.

2. — L'appréciation d'une déviation imprimée à un organe mobile dans un appareil de mesure (galvanomètre, électromètre) se fait généralement par la *méthode du miroir*. Un miroir concave est solidaire de l'organe dévié ; dans un plan passant par le centre de courbure, est disposée une échelle translucide divisée en millimètres, et au-dessus une source de lumière (fenêtre éclairée traversée par un fil fin, ou simplement filament de lampe à incandescence). Le miroir donne dans le même plan une image de la source lumineuse; cette image est souvent appelée *spot*. On dispose l'échelle et la source lumineuse, de façon à ce que le spot soit vu bien au point sur les divisions de l'échelle.

Lorsque l'organe mobile est dévié, le spot se déplace sur l'échelle; celle-ci étant placée normalement à la direction du rayon lumineux qui tombe sur le miroir dans la position d'équilibre, et L désignant la distance de l'échelle au miroir, l'élongation d lue sur l'échelle est reliée à la déviation angulaire θ de l'organe mobile par la relation :

$$d = \mathrm{L\,tg}\,2\,\theta.$$

Les échelles sont généralement placées à 1 mètre du miroir, et les déviations peuvent atteindre 25 centimètres; on emploie même quelquefois des élongations plus considérables en s'arrangeant pour que le spot dans la position d'équilibre tombe sur une extrémité de l'échelle et non pas au milieu. Dans ces conditions extrêmes on ne pourrait considérer la déviation angulaire θ comme proportionnelle à d qu'en tolérant une erreur atteignant 2 0/0. La proportionnalité peut être admise à 1/100 près pour les élongations restant au-dessous de 20 centimètres.

3. — Le repérage d'une partie mobile d'un instrument par rapport à une graduation (linéaire ou circulaire) se fait généralement par l'intermédiaire d'un *vernier* qui sert à fractionner la dernière subdivision de la graduation. Le vernier comprend n divisions qui occupent seulement l'étendue de $n - 1$ divisions de la graduation. A partir du point où on voit coïncider un trait du vernier et un trait de la graduation, les traits du vernier sont donc successivement en retard, de 1 $n^{ième}$ de division de la graduation.

La lecture de la position du vernier sur la graduation se fait alors comme suit :

1° Lire le chiffre de la graduation qui précède immédiatement le 0 du vernier, soit p ce chiffre;

2° Suivre les traits du vernier jusqu'à celui qui coïncide avec un trait de la graduation, soit q le chiffre inscrit pour ce trait *sur le vernier*.

Le résultat de la lecture est le nombre p augmenté de la fraction $\frac{q}{n}$ de la plus petite subdivision de la graduation.

La figure 2 montre un vernier linéaire sur une graduation en millimètres ; le résultat de la lecture se compose de 52 mil-

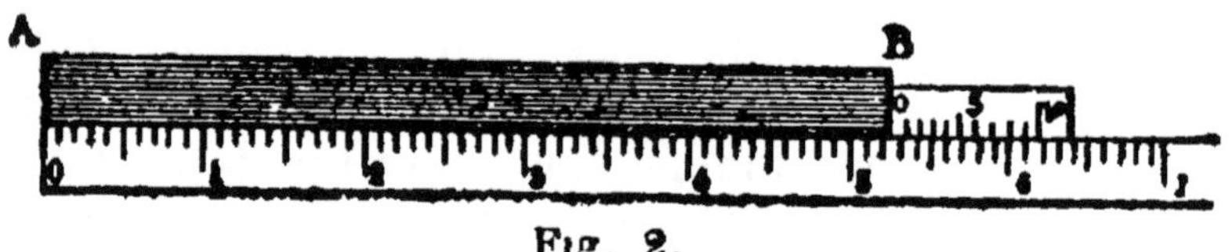

Fig. 2.

limètres, chiffre précédant le 0 du vernier, plus la fraction quatre dizièmes de millimètre, indiquée par la coïncidence du trait 4 du vernier avec un trait de la règle.

Dans tous les instruments où les lectures se font avec l'aide d'un vernier, il faut donc tout d'abord noter : 1° la valeur de la plus petite subdivision de la graduation ; 2° le nombre de divisions inscrites sur le vernier.

On en conclut la valeur fractionnaire qui est indiquée par chaque unité des chiffres du vernier.

Par exemple, un cercle de goniomètre pourra être divisé en tiers de degré, et être accompagné de verniers portant 20 divisions. La fraction donnée par le vernier vaudra $\frac{1}{3} \times \frac{1}{20} = \frac{1}{60}$ de degré ou 1 minute.

(Ne pas oublier dans ce cas que le chiffre à lire sur la graduation est toujours celui du trait qui précède *immédiatement* le 0 du vernier ; ce chiffre n'est pas toujours *effectivement* inscrit, il faut le dénombrer en suivant attentivement la graduation).

4. — Quelquefois la graduation est tracée dans un plan un peu écarté de l'index mobile qui n'est pas accompagné de *vernier* (cas de l'aiguille d'un ampèremètre ou voltmètre, extrémité de la colonne de mercure d'un thermomètre). La lecture ne se fait exactement dans ce cas que si la direction de visée est toujours la même ; il suffit de déplacer légèrement l'œil pour voir changer le point de la graduation qui fait face à l'index mobile : c'est l'erreur de *parallaxe*. Pour donner la précision à cette forme d'observation, il faut pouvoir disposer, en arrière de l'index mobile, un miroir parallèle au plan de la graduation ; il peut même généralement être placé dans le plan de la graduation. Avec cette disposition les images réfléchies de l'index mobile ou de l'œil fournissent des points dirigeant la ligne de visée toujours normalement au miroir, ce qui assure des lignes de visée toujours parallèles ; *cette condition est nécessaire* pour justifier l'appréciation à l'œil des fractions de la graduation.

5. — Rappelons encore que dans les appareils employés aux travaux de physique, les mouvements commandés par des vis sont essentiellement doux. Lorsque dans un mouvement on perçoit une résistance imprévue, il ne faut pas chercher à grandir l'effort pour la surmonter ; il faut s'arrêter et chercher la cause et la nature de cette résistance pour la faire disparaître.

Enfin il est essentiel également, pour la bonne conservation des appareils, de ne jamais mettre les doigts sur les graduations. Le nettoyage en est difficile, et d'ailleurs souvent dangereux pour l'existence même de la graduation.

CATHÉTOMÈTRE

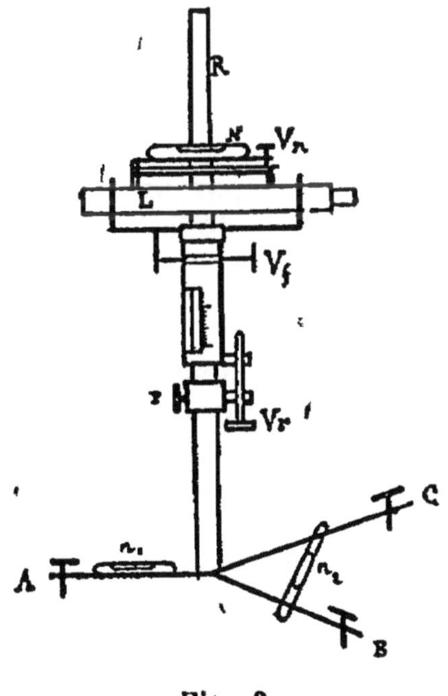

Fig. 3.

6. — Le cathétomètre a pour but de mesurer la distance verticale entre deux points.

L'instrument (fig. 3) comprend essentiellement une règle divisée R fixée à un manchon cylindrique tournant autour d'un axe parallèle à la règle porté par trois vis calantes A, B, C ; le long de la règle, se déplace un chariot portant une lunette L sur laquelle est fixé un niveau à bulle d'air N.

7. Réglage du cathétomètre. — Pour que les lectures faites sur la règle donnent par différence la distance verticale entre deux points visés successivement, il faut rendre

l'axe de l'instrument *vertical*. On procède pour cela aux opé
rations suivantes :

a) *Rendre parallèles l'axe géométrique de la lunette et la lign
des repères du niveau.*

Par la vis V_f qui commande l'inclinaison de la lunette, or
amène la bulle d'air du niveau entre ses repères ; on enlève
la lunette de son étrier et on l'y replace en la retournant bou
pour bout. Si la ligne des repères était parallèle à l'axe géo
métrique de la lunette, elle serait revenue en même position e
la bulle d'air serait encore entre ces repères ; s'il n'en est pas
ainsi on corrige l'inclinaison relative en ramenant la bull
d'air entre les repères par action *combinée* sur la vis de la
lunette et sur la vis V_n du niveau.

La figure 4 montre que la rotation z de l'axe L_1L_2 de la
lunette, et aussi de la direction soli-
daire des repères XY, amènera ces
deux directions à être parallèles entre elles et à l'horizontale. On vérifie
la correction en retournant la lunette
bout pour bout ; on poursuit la correction jusqu'à ce que la vérification
soit obtenue.

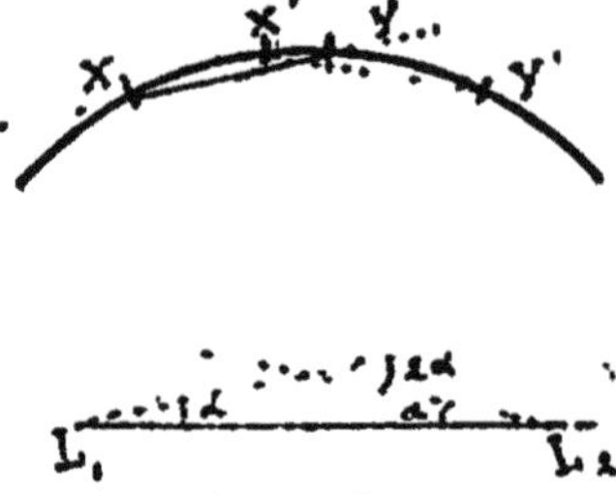

Fig. 4.

b) *Rendre vertical l'axe de rotation,
et par suite la règle divisée.*

La bulle du niveau étant entre ses repères lorsque la lunett
est parallèle à la direction de deux vis calantes B, C, or
tourne l'appareil de 180° ; si l'axe était vertical et perpendiculaire à la direction des deux vis calantes la lunette dans l
position symétrique serait revenue parallèle à BC et la bull
serait restée entre les repères : s'il n'en est pas ainsi on corrige simultanément le défaut d'horizontalité de la lunette et le
défaut de perpendicularité de l'axe sur BC en ramenant la
bulle entre les repères par action *combinée* sur une vis calant
B ou C et sur la vis de la lunette V_f.

On vérifie la correction en retournant à nouveau de 180° e
on corrige jusqu'à ce que la vérification soit obtenue.

On tourne ensuite la règle de façon à mettre la lunette *perpendiculaire* à la direction BC et on poursuit le réglage comme
précédemment en agissant sur la vis V_f et sur la vis A. On
vérifie, en ramenant la lunette parallèle à BC, que le premier
réglage n'a pas été dérangé ; on corrige si cela est nécessaire,
et on termine en tout cas par la vérification du réglage la
lunette étant perpendiculaire à BC.

8. — Le pied de l'appareil est généralement pourvu de deux niveaux n_1 et n_2 fixés suivant des directions rectangulaires. Quand le réglage de l'instrument est achevé on agit sur les vis de ces niveaux de façon à ramener les bulles d'air entre leurs repères. Si on a besoin par la suite de déplacer l'instrument, on n'aura qu'à agir sur les vis calantes ; ces niveaux indiqueront par la position normale des bulles d'air que l'axe a repris une position verticale.

9. Mesure d'une différence de niveau. Hauteur barométrique sur un baromètre normal. — On vise chaque point considéré avec la lunette mise au point, et on repère la position du viseur dans l'espace en lisant sur la règle la position du 0 du vernier tracé sur une réglette portée par le chariot qui entraîne la lunette. La règle est divisée en millimètres ; le vernier comprend 50 divisions ; le chiffre de la division du vernier en coïncidence avec une division de la règle exprime donc une fraction complémentaire en 50mes de millimètre ; on le multipliera par 2 pour l'exprimer en centièmes de millimètre.

La différence de niveau s'obtient en retranchant les lectures faites après chacun des pointés sur les deux points dont on cherche l'écart vertical.

Pour déterminer la hauteur barométrique sur le baromètre normal, il faut d'abord déterminer par deux pointés la longueur d'une vis terminée en pointe à chaque extrémité ; on amène ensuite la pointe *inférieure* en contact avec la surface du mercure de la *cuvette* barométrique ; par deux nouveaux pointés on détermine la distance entre la pointe *supérieure* et le niveau du mercure dans le *tube barométrique*. Cet intervalle ajouté à la longueur de la vis fournit la hauteur barométrique cherchée.

MACHINE A DIVISER

10. — L'instrument (fig. 5) est constitué par une vis dont la rotation entraîne le *déplacement longitudinal de l'écrou* D portant une pointe traceuse et aussi un microscope viseur.

Le pas de la vis est de 1 millimètre ; le tambour C qui forme tête de vis est divisé en 100 parties.

La vis est solidaire du tambour C par l'intermédiaire d'une roue dentée et d'un rochet qui ne l'entraîne que dans *un sens* ;

pour ramener le traceur dans une position antérieure, il faut
ouvrir l'écrou et le faire glisser sans contact avec la vis.

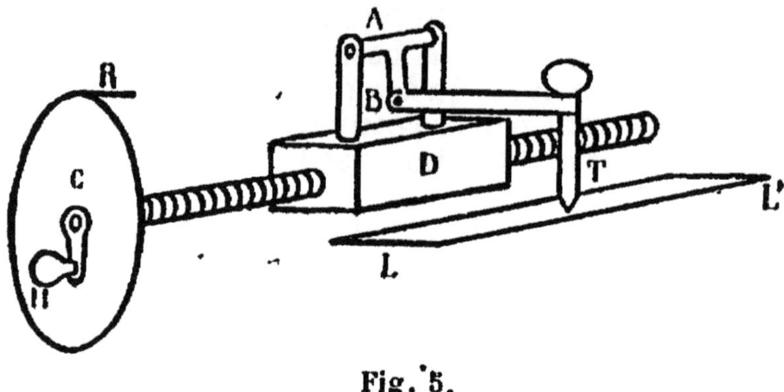

Fig. 5.

On se rendra compte d'ailleurs sur l'instrument même des
différents organes et du fonctionnement : limitation de la
course de la vis, grandeur des traits, etc.

La machine à diviser sera utilisée aux exercices suivants

11. Tracé d'une graduation. — Pour une graduation en larges divisions devant être gravée sur verre à l'acide
on emploie comme traceur une lame d'acier taillée en couteau ; la lame ou la tige de verre à graduer est recouverte de
cire ; on trace la division voulue par-dessus la couche de cire
et on attaque ensuite le verre sur les points découverts par
le traceur en badigeonnant avec de l'acide fluorhydrique
qu'on laisse agir 4 à 5 minutes. On enlève ensuite la cire et
on noircit la graduation.

Pour faire la graduation fine, on emploie comme traceur
une pointe de diamant. On exécutera ainsi une division au
110 de millimètre sur verre. Pour obtenir un trait fin, sans
bavure, il faut pousser le traceur sans peser dessus, on doit
laisser agir *le seul poids du support*. Le trait ainsi obtenu est
difficilement visible mais comporte la finesse nécessitée par
le rapprochement des divisions successives.

12. Mesure de la distance entre deux points.
— Deux traits étant marqués sur une tige et celle-ci placée
sur la table de la machine parallèlement à la vis, on amène le
microscope viseur de façon à pointer une des extrémités de
l'intervalle à mesurer. Puis on fait tourner la vis par tours
entiers jusqu'à ce que la deuxième extrémité apparaisse sur

l'axe du viseur. Le nombre de tours et la fraction complémentaire du dernier tour qui a pu n'être pas complet fait connaître la distance.

13. Diviser un intervalle donné en n parties égales. — Chercher d'abord la longueur l de l'intervalle et calculer la distance $\dfrac{l}{n}$ des traits que l'on veut tracer. Pour faire la graduation, il faut alors amener le traceur sur une extrémité de l'intervalle à diviser. On réalise cela exactement en visant avec le microscope une extrémité de l'intervalle et traçant au même instant un trait au delà de cet intervalle. On retourne la tige à graduer bout pour bout ; on vise le trait qu'on vient de tracer en dehors de l'intervalle, le traceur se trouve alors sur l'origine de la graduation.

SPHÉROMÈTRE

14. — Le sphéromètre sert à mesurer les faibles épaisseurs. Il est essentiellement constitué par une vis V se déplaçant dans un écrou E qui forme support à 3 pieds (fig. 6).

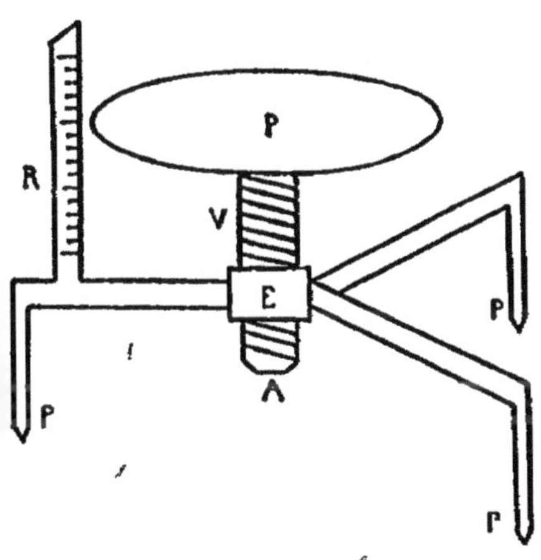

Fig. 6.

La tête de la vis est un large disque P divisé en 500 parties ; le pas de la vis est de 1/2 millimètre ; une rotation de la vis évaluée par une division du disque entraîne un déplacement vertical de 1/1000 de millimètre.

La vis et les pieds du support sont terminés par des pointes mousses ; les 3 pointes du support forment un triangle équilatéral dont on mesure le côté a avec un double décimètre sur l'empreinte laissée par les pointes appuyées sur une feuille de papier.

La tige latérale R, divisée en millimètres et demi-millimètres, est utilisée comme index, et sert à repérer les positions de la pointe A dans l'espace.

On fera les exercices suivants :

15. Mettre les 4 pointes dans un même plan. — Placer l'appareil sur un plan de verre et tourner la tête de la vis jusqu'à ce que la pointe A soit exactement sur le plan comme les pointes du support. On contrôle l'opération en tapotant légèrement un des pieds de l'appareil, sans cependant le serrer entre les doigts. Si la pointe A n'est pas en contact avec la surface, les 3 pointes du support opposent une résistance *de glissement* très marquée ; dès que la pointe A a pris contact sur la surface, l'appareil *tourne* sur cette pointe sans résistance appréciable. On arrête la vis dans la position de passage entre ces deux états, glissement et rotation.

Repérer à ce moment, par les lectures sur l'index et sur le disque, la position de la pointe A. Le nombre lu N, exprimé en millimètres et millièmes de millimètres, caractérise une fois pour toutes, la position de la pointe de la vis dans le plan des 3 pointes du support.

Remarque. — Recommencer à deux ou trois reprises les mises en contact de la pointe avec les différentes surfaces expérimentées, et faire chaque fois la lecture N ; noter l'écart de ces lectures qui donne l'approximation de l'observation.

16. Mesure de l'épaisseur d'une lame. — Relever la vis, placer la lame sous la pointe, ramener la vis en contact exact avec la lame, noter le nombre N_1 qui caractérise la position de la vis à ce moment :

$$\text{L'épaisseur } e = N_1 - N.$$

17. Mesure du diamètre d'un fil. — Recourber le fil en U ou simplement le couper en 2 tronçons qu'on introduit sous la lame plane après avoir relevé la vis ; ramener celle-ci en contact avec la lame. Noter la nouvelle valeur N_1' qui caractérise la position de la vis. L'épaisseur des fils est :

$$e = N_1' - N_1.$$

18. Mesure du rayon d'une sphère. — L'appareil est posé sur la sphère et les 4 pointes amenées en contact avec la surface sphérique par le même moyen qui a servi pour contrôler les contacts simultanés sur une surface plane. Noter le nombre N_2 caractérisant la position de la vis.

A ce moment les pointes du support sont dans un plan qui découpe sur la sphère un cercle circonscrit au triangle équilatéral formé par les pointes.

Le rayon r de ce cercle est lié au côté a du triangle par la formule :

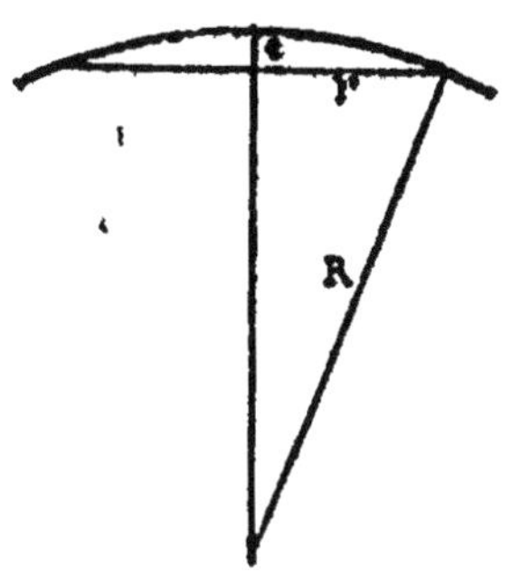

Fig. 7

$$r = \frac{a}{\sqrt{3}}.$$

La pointe de la vis est au sommet de la calotte sphérique déterminée par les pointes du support (fig. 7). La distance au plan de ces dernières, évaluée par :

$$e = N_2 - N_1$$

mesure la flèche e de la calotte dont la base a un rayon r. Ces quantités sont reliées au rayon R de la sphère par la formule :

$$R = \frac{r^2 + e^2}{2e}.$$

LE PENDULE

19. —Un pendule simple sera constitué par une petite sphère d'ivoire ou de métal suspendue par un fil maintenu dans une pince.

La longueur du pendule simple équivalent, l, est suffisamment établie en mesurant avec une règle la longueur du fil entre le point de suspension et la sphère et ajoutant le rayon de celle-ci.

Durée des oscillations, t. Faire osciller le pendule ; prendre une direction d'alignement lorsque le pendule passe dans la direction verticale avec son maximum de vitesse ; déclancher un compteur à secondes lorsqu'il est dans l'une de ces positions ; compter successivement 200 oscillations ; arrêter le compteur lorsque le pendule repasse dans l'alignement à la 200ᵉ fois. Déduire la durée de l'oscillation du temps marqué par le compteur.

Evaluer l'approximation de la mesure.

Vérifier, en recommençant avec des amplitudes faibles, que la durée ne varie pas sensiblement.

20. Applications de la formule du pendule sim-

ple. — La durée d'une oscillation d'un pendule simple est indiquée par la formule :

$$t = \pi \sqrt{\frac{l}{g}}.$$

l, longueur du pendule ; g, intensité de la pesanteur.

Calculer g en se servant de l et t déterminés expérimentalement.

Calculer l en se servant de t déterminé expérimentalement et prenant :

$$g = 981 \text{ cm. } (\sqrt{g} = 31,32).$$

Faire une nouvelle détermination de durée d'oscillation t' en raccourcissant le pendule à une nouvelle longueur l' et vérifier numériquement la relation :

$$\frac{l}{t^2} = \frac{l'}{t'^2}$$

ou :

$$l\,t'^2 = l'\,t^2.$$

BALANCE

21. Observations générales. — Une balance fonctionnant dans de bonnes conditions doit osciller autour de la position d'équilibre et non pas s'y arrêter brusquement.

On détermine la position d'équilibre d'une balance en lisant les divisions qui marquent les amplitudes extrêmes de l'aiguille pendant une oscillation et prenant la moyenne des deux nombres lus. Il peut être utile quelquefois de faire 3 lectures successives, dans l'ordre suivant :

n_1 limite de l'oscillation à droite (ou à gauche)

n_2 — — à gauche (ou à droite)

n_3 — — à droite (ou à gauche)

et de prendre comme moyenne caractérisant l'équilibre du fléau, la valeur :

$$\frac{n_1 + n_3 + 2n_2}{4}.$$

On lira les chiffres de la graduation devant laquelle se déplace l'aiguille du fléau en comptant 0 sur le *premier grand trait à gauche* (on évitera ainsi toute erreur d'interprétation sur les sens d'écarts différents que l'on est amené à considérer en prenant le milieu des divisions comme origine de graduation).

La balance doit être soigneusement mise au repos lorsqu'on veut ajouter ou enlever des poids, et lorsqu'on a terminé une pesée

Les poids doivent être maniés avec l'intermédiaire d'une pince Pour connaître la somme des poids employés à réaliser un équilibre, il est bon de faire la lecture des poids mis dans le plateau d'une part, et aussi de faire la même lecture sur les cases vides de la boîte de poids ; on a ainsi un contrôle qui peut éviter quelques erreurs.

Après la réalisation d'un équilibre, et la lecture des poids employés à cet effet, *remettre* soigneusement *tous les poids dans leur boîte.*

22. Sensibilité de la balance. — a) *A vide.* — Faire osciller la balance sans rien mettre dans les plateaux, observer la position d'équilibre n (moyenne des limites d'une oscillation) ; ajouter d'un côté de la balance une surcharge p (1, 2, 5 milligrammes ou même 1 centigramme suivant la sensibilité de la balance) ; lire la nouvelle position d'équilibre n' ; la sensibilité est exprimée par le fait que 1 division correspond à une surcharge $\dfrac{p}{n-n'}$; plus le nombre sera faible, plus grande sera la sensibilité.

b) *Sous la charge maximum.* — Répéter les mêmes opérations en chargeant les plateaux avec les poids correspondant à la charge maximum prévue pour la balance. La sensibilité dans ces conditions est trouvée généralement inférieure à la première.

23. Pesée à tare constante. — Mettre dans un plateau une tare dont la masse soit supérieure à la totalité des masses à déterminer placées dans l'autre plateau. On emploie à cet usage un poids de la boîte.

Ajouter aux objets placés dans l'autre plateau des poids marqués jusqu'à ce que l'oscillation du fléau reste dans les limites de la graduation, observer la position d'équilibre n, déterminer une nouvelle position d'équilibre n_1 en ajoutant une petite surcharge p ; on aura ainsi la sensibilité :

$$\pi = \frac{p}{n - n_1}$$

par division.

Exprimer l'équation d'équilibre sous la forme suivante :

Tare = (objets énumérés) $+$ P$_1$ *(totalité des poids marqués mis à côté de ces objets)* $+ n_1\pi$.

Remettre ensuite dans la boite tous les poids constituant P$_1$.

Enlever l'objet dont on veut connaître la masse ; recommencer à mettre des poids jusqu'à ce que l'oscillation du fléau reste dans les limites de la graduation ; lire la position d'équilibre n_2, la totalité P$_2$ des poids ajoutés, et écrire l'équation :

$$\text{Tare} = \text{(objets restant)} + P_2 + n_2\pi.$$

La masse M de l'objet enlevé entre les deux opérations s'obtient par l'équation de différence entre les deux premières.

$$M + P_1 - P_2 + n_1\pi - n_2\pi = 0$$

ou

$$M = P_2 - P_1 + (n_2 - n_1)\,\pi.$$

En réalité, cette valeur de M ne représente que le poids apparent de l'objet en fonction des poids apparents marqués. Voir art. 45 l'évaluation de la masse réelle, lorsqu'il y a lieu de tenir compte de la poussée de l'air.

Remarque. — Les essais d'équilibre se poursuivent en ajoutant progressivement les poids de la boite dans un ordre *décroissant*. Ayant mis dans le plateau opposé à la tare un poids de 20 gr., par exemple, la libération du fléau fait constater qu'il est trop fort, ou trop faible ; s'il est trop fort, *on l'enlève et on le remet dans la boîte à sa place* ; s'il est trop faible. on le laisse dans le plateau de la balance ; dans les deux cas on place ensuite dans le plateau le poids de 10 gr. et on continue en suivant *tous les poids* de la boite.

24. Applications. — On aura beaucoup d'applications de pesées dans la suite des manipulations. Comme première manipulation simple de la balance, on appliquera la pesée à l'un des problèmes suivants :

a) *Densité d'un objet de forme géométrique.* — Déterminer la masse M d'un objet, dont les dimensions peuvent être déterminées au moyen d'un pied à coulisse (vérifier si le 0 du vernier du pied à coulisse coïncide bien avec le 0 de la graduation en millimètres lorsque les branches du pied sont en contact). Calculer le volume V de l'objet en partant des dimensions mesurées, puis la densité $D = \dfrac{M}{V}$.

b) *Surface comprise à l'intérieur d'une courbe tracée sur une feuille de papier.* — Tracer sur le papier un rectangle extérieur à la courbe ; déterminer ses dimensions avec le double décimètre ; calculer son aire S ; découper son contour, déterminer sa masse M avec la balance. Découper ensuite la feuille de papier en suivant le contour de la courbe ; peser le papier ainsi limité, soit m la masse déterminée. L'aire inconnue x comprise dans la courbe sera donnée par la proportion :

$$\frac{x}{S} = \frac{m}{M} \text{ ou } x = S \times \frac{m}{M}$$

ÉLASTICITÉ

25. Tension. — On définit le coefficient d'élasticité d'un fil par le rapport de l'allongement de l'unité de longueur au poids tenseur.

L'expérience est simplement disposée de la façon suivante. Le fil à étudier est fixé par une extrémité à un support solide, et tendu devant une règle ; il supporte un plateau dans lequel on ajoute les poids marqués servant à le tendre. Un viseur qui peut se réduire à un simple index entraîné par le fil à sa partie inférieure permet de suivre les variations de longueur de ce dernier.

Noter d'abord la longueur totale L du fil avant l'introduction de poids supplémentaires dans le plateau. Ajouter dans le plateau des surcharges croissantes, p_1, p_2, p_3, etc., déterminer chaque fois par le déplacement de l'index les allongements $\lambda_1, \lambda_2, \lambda_3$, etc., correspondant à chacune des surcharges et calculer le coefficient $e = \dfrac{\lambda}{L \times p}$ pour chaque observation. Ce coefficient doit être sensiblement constant.

Disposition des résultats :

$$L =$$

p	
λ	
λ	
L	
λ	
$p \times L$	

Représentation graphique. — On représentera les résultats d'expérience par une construction graphique en portant en abcisses les surcharges p et en ordonnées les allongements par unité de longueur $\dfrac{\lambda}{L}$.

26. Torsion. — Un barreau métallique est engagé dans un étrier suspendu à un fil ; ou plus simplement le plateau qui a servi à étudier l'élasticité de tension du fil (25) est surchargé ; on le fait tourner d'un certain angle à partir de la position d'équilibre et on l'abandonne à lui-même ; sous l'influence de la réaction élastique de torsion l'objet suspendu effectue des oscillations qui sont isochrones.

Déclancher un compteur à secondes au moment où l'objet suspendu passe dans la position primitive de l'équilibre avec une vitesse maximum, compter 200 oscillations et arrêter le compteur au 200° passage ; déduire du temps marqué par le compteur la durée t d'une oscillation ; mesurer la longueur du fil l.

Recommencer les mêmes observations avec le même fil en changeant sa longueur ; soient l' la nouvelle longueur, t' la durée des nouvelles oscillations.

Vérifier que $\dfrac{l}{t^2} = \dfrac{l'}{t'^2}$ ou $l\,t'^2 = l't^2$.

MOMENT D'INERTIE

27. — Si un corps tourne autour d'un axe XY, on appelle moment d'inertie *la somme* des quantités telles que $m \times r^2$, produit de la masse m d'une petite portion du corps par le carré de sa distance r à l'axe de rotation (fig. 8).

On exprime souvent la valeur I du moment d'inertie sous la forme du produit de la masse totale M par le carré d'un nombre K mesurant ce qu'on appelle le rayon de giration :

$$I = \Sigma m r^2 = MK^2.$$

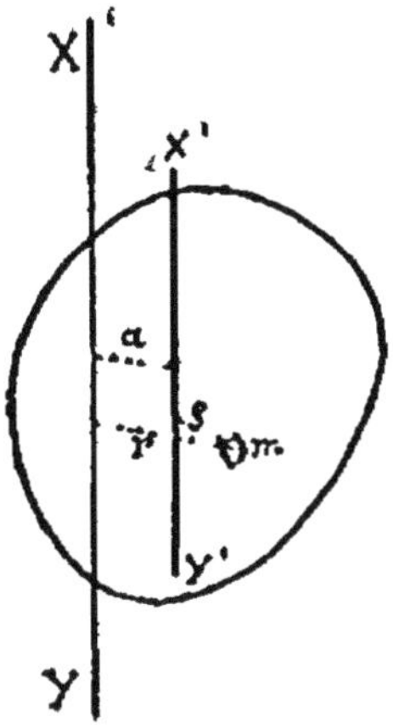

Si l'axe passe par le centre de gravité du corps et si celui-ci a une forme géométrique simple, on peut assez facilement calculer le rayon de giration ρ pour ce cas particulier.

Ainsi un anneau cylindrique tournant autour de son axe a un moment d'inertie exprimé par :

$$M. \frac{r_0^2 + r_1^2}{2}$$

Fig. 8.

en désignant par r_0 le rayon intérieur du cylindre, et r_1 le rayon extérieur.

Un cylindre plein de rayon r tournant autour de son axe a un rayon de giration tel que :

$$\rho^2 = \frac{r^2}{2}.$$

Le rayon de giration d'une sphère de rayon R tournant autour d'un diamètre a pour expression :

$$\rho^2 = \frac{2R^2}{5}.$$

Quand l'axe de rotation XY ne passe pas par le centre de gravité, le rayon de giration K se calcule en fonction du rayon de giration particulier ρ du même corps autour d'un axe de rotation $x'y'$ parallèle au premier, passant par le centre de gravité, et de la distance a de ces deux axes, par la relation :

$$K^2 = \rho^2 + a^2.$$

28. Détermination expérimentale du moment d'inertie. — Ayant un barreau suspendu à un long fil, on peut déterminer expérimentalement son moment d'inertie I autour de la direction marquée par le fil qui passe nécessairement par son centre de gravité.

Les oscillations de torsion du fil sont réglées par la loi :

$$t = \pi \sqrt{\frac{I}{C}},$$

t exprimant la durée d'une demi-oscillation, I le moment d'inertie de la masse suspendue au fil par rapport à la direction du fil, et C le couple de torsion dont la valeur ne dépend que de la nature du fil et de sa longueur. On conduit l'expérience comme suit :

1° Faire osciller le barreau, et déterminer par l'observation d'un nombre d'oscillations convenable la durée t_0 d'une oscillation (voir art. 26 la façon d'opérer).

2° Ajouter comme surcharge un corps dont on connaisse le moment d'inertie I' pour le cas expérimenté, déterminer la nouvelle durée d'oscillation t_1.

On a :

$$\frac{t_0}{t_1} = \sqrt{\frac{I}{I + I'}}.$$

On en tire :

$$I = I' \frac{t_0^2}{t_1^2 - t_0^2}.$$

Remarques. — Un anneau cylindrique est une surcharge commode à employer ; mieux encore deux petits cylindres posés sur le barreau à des distances égales de l'axe pour ne pas faire varier le centre de gravité du système, ou deux petites sphères suspendues dans des conditions analogues. Il faut tenir compte de ce que les cylindres ou les sphères ne tournent pas autour de leur propre centre de gravité, ce qui introduit dans le carré de leur rayon de giration le carré de la distance de leur axe géométrique à l'axe de rotation (direction du fil de suspension).

Noter l'approximation des observations, et déterminer l'approximation résultant du calcul.

BAROMÈTRE ET THERMOMÈTRE

29. Lecture de la pression barométrique. — Dans le baromètre Fortin le mercure de la cuvette est retenu par une peau de chamois qu'on peut déplacer avec une vis placée à la partie inférieure de l'appareil ; en agissant sur la vis, on amènera la surface du mercure exactement en contact avec une pointe d'ivoire située à l'intérieur de la cuvette et qui marque l'origine de la graduation en millimètres tracée sur le tube de laiton qui entoure le tube barométrique. Sur ce tube de laiton on peut déplacer par un bouton à crémaillère une coulisse sur laquelle est tracé un vernier au 10me dont le 0 coïncide avec l'arête inférieure de la coulisse.

Pour lire la hauteur barométrique, on suit le procédé suivant.

Amener l'arête inférieure de la coulisse tangente à la surface convexe du mercure, lire sur la règle la division qui précède le 0 du vernier et ajouter la fraction complémentaire donnée par celui-ci, soit h le résultat de cette lecture ; amener le bord de la coulisse sur la ligne de base du ménisque convexe (extrémité de la ligne brillante de la colonne, le ménisque paraissant noir) ; faire une deuxième lecture h' ; la différence $h - h'$ représente la hauteur ou *flèche* du ménisque.

Des tables spéciales font connaître une correction e à *ajouter* à la hauteur h pour corriger la première lecture de l'erreur due à la dépression capillaire.

Lire la température sur un thermomètre porté par l'instrument. Des tables spéciales font connaître la hauteur k à *retrancher* de $h + e$ pour ramener la lecture à ce qu'elle serait si la colonne mercurielle et la graduation sur laiton étaient observées à 0°. La hauteur barométrique vraie est :

$$H = h + e - k.$$

30. Thermomètre. — *Vérification du 0.* — Placer le réservoir du thermomètre dans un entonnoir posé sur un flacon, et remplir l'entonnoir de glace pilée ; la glace doit entourer le tube thermométrique jusqu'au 0. Après 10 à 15 minutes noter la position de l'extrémité de la colonne mercurielle sur l'échelle thermométrique ; ce nombre changé de signe représente la correction à faire subir aux lectures du thermomètre étudié.

Vérification d'un thermomètre médical. — Mettre dans un vase de l'eau froide, y ajouter de l'eau chaude jusqu'à ce que le thermomètre vérifié précédemment marque environ 40°. Introduire le thermomètre médical dans l'eau avec le thermomètre de comparaison ; agiter l'eau vivement et faire des lectures simultanées sur le thermomètre médical et sur le thermomètre de comparaison. Etablir le tableau de correspondance des deux thermomètres entre 37° et 40°.

Disposition des résultats. — Correction de 0 du thermomètre de comparaison :

Thermomètre de comparaison	Température vraie	Thermomètre medical	Correction du thermomètre medical
(Vers 40°)			
(Vers 37°)			

DILATATION CUBIQUE DU VERRE

(Thermomètre à poids)

31. — Le verre à étudier est préparé en forme d'un réservoir allongé d'une contenance de 20 à 30 centimètres cubes, terminé par un tube fin recourbé deux fois à angle droit. Un support métallique sert à le transporter en même temps qu'une petite capsule dans laquelle plonge la pointe effilée :

1° Déterminer la masse p, ajoutée à l'appareil et à la petite capsule vides pour faire équilibre à une tare de 500 gr. ;

2° Remplir le réservoir de mercure. Pour cela, il faut le chauffer d'abord pour dilater l'air intérieur, puis laisser refroidir en maintenant la pointe dans du mercure chaud ; la contraction de l'air amène la rentrée d'une certaine quantité de mercure dans le réservoir; répéter l'opération jusqu'à ce que le réservoir soit aux 2/3 plein ; achever le remplissage en plaçant alors l'appareil dans un vase de terre entouré de charbons allumés, la pointe effilée plongeant dans une capsule qui contient le mercure ; prolonger l'échauffement jusqu'à l'ébullition du mercure. Après quelques bouillonnements retirer l'appareil qui se remplit complètement, l'air ayant été totalement expulsé par la vapeur du mercure. Laisser refroidir en maintenant toujours la pointe dans le mercure de la capsule; entourer le tout de glace pour le refroidir jusqu'à 0° ; après un quart d'heure de contact avec la glace, vider le mercure restant dans la capsule ; replacer celle-ci sous la pointe ; dégager l'appareil de la glace qui l'entoure, le sécher en prenant les précautions nécessaires pour que le mercure qui sort 'du tube pendant le réchauffement soit entièrement recueilli dans la capsule.

3° Déterminer la masse p_2 ajoutée à l'appareil rempli et à la capsule pour faire équilibre à la tare primitive. La différence, $p_1 — p_2 = \mathrm{P}$, représente la masse de mercure qui remplit l'appareil à la température de 0°.

(Les deux pesées p_1, p_2, peuvent se faire au décigramme sur une petite balance Roberval).

4° Porter l'appareil dans une étuve où circule de la vapeur d'eau bouillante à la température de 100° (moins une correction à déterminer par la différence entre la pression barométrique du moment H et 760 millimètres ; la correction à retrancher de 100° est égale à $(760 — \mathrm{H}) \times 0°037)$.

Pendant que l'appareil se met en équilibre de température avec la vapeur, le mercure se dilate et tombe dans la capsule.

Quand on ne voit plus perler de mercure à l'extrémité du tube, retirer la capsule.

5° Peser le mercure contenu dans la capsule (sur une balance sensible au milligramme) : la masse π de ce mercure représente la masse de la dilatation apparente du mercure.

L'équation qui représente l'expérience est :

$$\frac{(\mathrm{P} - \pi)}{\Delta} (1 + m\mathrm{T}) = \frac{\mathrm{P}}{\Delta} (1 + \mathrm{KT}),$$

Δ désignant la densité du mercure à 0°, m, le coefficient de dilatation du mercure et K celui du verre, T, la température corrigée de l'étuve.

On en déduit pour le calcul :

$$\mathrm{K} = m - \frac{\pi(1 + m\mathrm{T})}{\mathrm{PT}}$$

6° Calculer l'approximation du résultat

MAXIMUM DE DENSITÉ DE L'EAU

32. L'expérience se fait avec le *dispositif de Hope*. Une éprouvette est entourée dans son milieu par un réservoir annulaire dans lequel on place un mélange réfrigérant ; deux

thermomètres pénètrent horizontalement dans l'éprouvette
l'un à la partie supérieure, l'autre vers le fond

Remplir l'éprouvette d'eau et mettre le mélange de glac
et de sel dans le réservoir. Observer la marche des deu:
thermomètres T_s (supérieur), T_i (inférieur), noter leurs indi
cations de 5 minutes en 5 minutes. Lorsque le thermomètr
supérieur est arrivé à $0°$, cesser les observations.

Construire les courbes de variation de chacun des thermo
mètres en prenant les temps comme abcisses, les température
pour ordonnées.

En conclure la loi de variation de densité de l'eau a· ce l
température ; la température du maximum de densité corres
pond à l'intersection des deux courbes.

CALORIMÉTRIE PAR LA MÉTHODE DES MÉLANGE:

33. La chaleur spécifique d'une substance est la quantit
de chaleur qui élève de 1 degré la température de l'unité d
masse de cette substance.

On mesure les chaleurs spécifiques en prenant comme unit
celle de l'eau.

Les expériences de calorimétrie par la méthode dite de
mélanges consistent simplement à céder à une masse d'ea
connue la quantité de chaleur inconnue prise par la subs
tance étudiée pendant son échauffement.

34. Chaleur de fusion de la glace. — Le calori
mètre est une boîte cylindrique en laiton, bien poli extérieu
rement et renfermée à l'intérieur d'une autre boîte bien poli
intérieurement ; cette dernière sera avantageusement placé
elle-même dans une caisse en bois garnie de ouate ou de fins
copeaux de bois.

Un thermomètre divisé en dixièmes de degré donne la tem
pérature de l'eau placée dans le calorimètre.

1° Mettre dans le calorimètre 1.000 centimètres cubes d'eau
mesurés dans un ballon jaugé. Noter la température t_1. Soi
M la masse de cette eau (Voir tableaux de densités, art. 52)

2° Prendre un morceau de glace de 20 grammes environ
et le mettre dans l'eau du calorimètre, agiter vivement l'eau
et observer l'abaissement du thermomètre ;

3° Noter la température t_2 minima pour laquelle le thermomètre paraît stationnaire assez longtemps et qui marque la fin de la fusion de la glace ;

4° Remplir avec l'eau du calorimètre le ballon jaugé de 1.000 centimètres cubes et déterminer la masse m de l'eau restant dans le calorimètre, équivalente au poids de glace introduite, puis la masse p_1 du calorimètre et de l'agitateur (pesées au décigramme).

L'équation de l'expérience est :

$$mx + mt_2 = (\mathrm{M} + p_1 c)(t_1 - t_2),$$

c désignant la chaleur spécifique du laiton $= 0,094$, x la chaleur de fusion de la glace à déterminer.

5° Noter l'approximation des observations et du résultat.

35. Chaleur spécifique d'un corps solide. — 1° Déterminer par des pesées successives les masses p_1 du corps expérimenté, p_2 du panier en laiton qui doit le supporter, p_3 du calorimètre et de l'agitateur ;

2° Porter le corps maintenu à l'intérieur du panier de laiton dans une étuve où circule de la vapeur d'eau bouillante. Un thermomètre dont le réservoir est bien enveloppé par le corps expérimenté indique la température finale T, qui ne devient stationnaire qu'après une demi-heure de chauffage ;

3° Mettre 1.000 centimètres cubes d'eau (dont la masse est M) dans le calorimètre, agiter et noter la température t_1 ;

4° La température stationnaire T dans l'étuve étant atteinte enlever rapidement le thermomètre de l'étuve et le panier contenant le corps, introduire celui-ci dans le calorimètre, agiter l'eau et observer en même temps la marche du thermomètre du calorimètre ; noter la température maxima t_2 qui doit rester stationnaire un moment ;

5° Evaluer par des mesures de longueur et de diamètre, effectuées avec un pied à coulisse, les masses p_4 de mercure et p_5 de verre du thermomètre plongés dans l'eau du calorimètre.

En désignant par c la chaleur spécifique du laiton, c_1 celle du mercure, c_2 celle du verre, x la chaleur spécifique à déterminer, l'équation de l'expérience est :

$$(p_1 x + p_2 c)(\mathrm{T} - t_2) = (\mathrm{M} + p_3 c + p_4 c_1 + p_5 c_2)(t_2 - t_1)$$

Déterminer l'approximation obtenue sur x :

Données : $c = 0,094$, $c_1 = 0,033$, $c_2 = 0,19$.

Densité du mercure 13,6 ; densité du verre 2,5.

MÉTHODE DU REFROIDISSEMENT

36. Chaleur spécifique des liquides. — La méthode est basée sur la perte de chaleur par rayonnement. Un corps placé dans une enceinte à une température inférieure perd une quantité de chaleur qui ne dépend que de sa surface extérieure et de la différence de température.

Un vase d'argent dans lequel on met un liquide chauffé à une certaine température et qu'on porte ensuite dans une enceinte refroidie perd une certaine quantité de chaleur par seconde en se refroidissant, quel que soit le liquide qu'il contienne ; ce liquide se refroidira alors d'autant plus vite que sa chaleur spécifique sera plus faible.

L'expérience est conduite de la façon suivante :

1^0 Déterminer la masse p du vase d'argent, évaluer la masse p_1 du mercure du thermomètre plongé dans le vase;

2^0 Mettre dans le vase une certaine quantité d'eau dont on détermine la masse m ;

3^0 Porter le vase dans une étuve et l'échauffer jusqu'à 40^0 environ ;

4^0 Porter le vase dans l'enceinte entourée de glace et observer le temps θ nécessaire au refroidissement de l'eau entre deux températures t_1, t_2 (on prendra l'intervalle $t_1 - t_2$ égal à 5 degrés par exemple);

5^0 Répéter les mêmes opérations en remplaçant la masse m d'eau par une masse m' de liquide à expérimenter ; soit θ' le temps nécessaire à son refroidissement dans le même intervalle de température, t_1 à t_2.

6^0 Désignant par c la chaleur spécifique de l'argent, c_1 celle du mercure, x celle du liquide expérimenté, on aura les équations du refroidissement exprimant la chaleur perdue par le vase dans les deux expériences :

$$A\theta = (m + pc + p_1c_1)(t_1 - t_2)$$
$$A\theta' = (m'x + pc + p_1c_1)(t_1 - t_2)$$

A est une constante caractéristique de l'intervalle de température ; on l'élimine en faisant le rapport :

$$\frac{\theta}{\theta'} = \frac{m + pc + p_1c_1}{m'x + pc + p_1c_1}$$

Calculer x et déterminer l'approximation du résultat.

RAPPORT DES CHALEURS SPÉCIFIQUES A PRESSION CONSTANTE ET A VOLUME CONSTANT POUR LES GAZ.

37. Mesure de $\dfrac{C}{c}$ pour l'air par l'expérience de Clément et Desormes. — Un grand ballon est muni d'un robinet à grosse ouverture, et une tubulure latérale le relie à un manomètre barométrique.

L'expérience consiste à produire sur le gaz une compression adiabatique connue, puis à mesurer, la chaleur se dissipant, la valeur de la compression isothermique pour la même variation de volume. Le rapport de ces compressions est celui des chaleurs spécifiques $\dfrac{C}{c}$.

On procède à l'expérience comme suit :

1° Faire une aspiration dans l'appareil et déterminer la hauteur h du liquide dans le tube barométrique au-dessus du niveau de la surface libre dans la cuvette où il plonge (le tube est gradué en millimètres);

2° Tourner rapidement le robinet qui ferme le ballon; celui-ci est ainsi mis en communication avec l'atmosphère, puis refermé immédiatement; au bout de quelques instants, le niveau remonte dans le tube barométrique à une hauteur h';

3° Calculer le rapport $\dfrac{C}{c}$ par la formule :

$$\frac{C}{c} = \frac{h}{h - h'}$$

h représente la compression adiabatique qui correspond à la réduction de volume égal à la rentrée d'air; $h - h'$ est la compression isothermique correspondant à la même variation de volume;

4° Répéter plusieurs fois l'expérience et prendre la moyenne des valeurs calculées pour $\dfrac{C}{c}$. Approximation des résultats.

Disposition des résultats :

h	h'	$\dfrac{C}{c}$	moyenne.

38. Mesure de $\dfrac{C}{c}$ pour l'acide carbonique par la vitesse du son. — On emploie pour cette mesure le tube de Kundt qui est un long tube de verre dans lequel on a parsemé du liège en poudre ; il est fermé à une extrémité A (fig. 9) par un piston mobile ; à l'autre par un piston B fixé à l'extrémité d'une tige de verre ou de métal supportée en son milieu et dont on excite la vibration longitudinale. Le

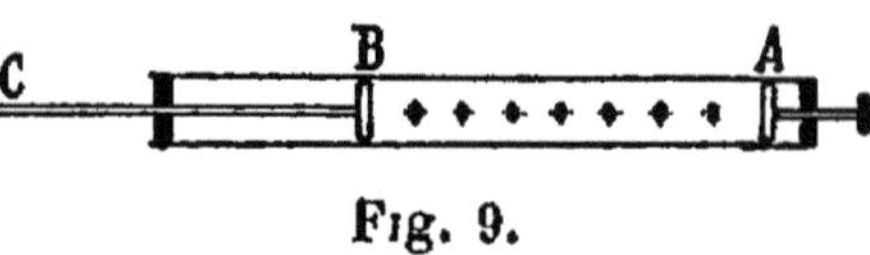

Fig. 9.

gaz contenu dans le tube se met en vibration ; la poudre de liège se rassemble en concamérations distantes de 1/2 longueur d'onde. Si V est la vitesse du son, et T la période du mouvement vibratoire de la tige CB, on a $\lambda = VT$.

En changeant la nature du gaz, T ne variera pas, mais λ changera proportionnellement à V.

La vitesse du son dans un gaz étant donnée par la formule :

$$V = \sqrt{\gamma \cdot \frac{1}{\delta} \cdot (1 + \alpha t)},$$

où γ désigne le rapport des chaleurs spécifiques, δ sa densité *absolue à 0^0* et sous la pression de 760 mm. (art. 84), $(1 + \alpha t)$ son binôme de dilatation, on voit que la mesure de λ dans le tube de Kundt amène à la connaissance du rapport $\gamma = \dfrac{C}{c}$.

On opèrera comme suit :

1º Remplir le tube par aspiration d'air desséché par son passage sur de la ponce sulfurique ;

2º Faire vibrer la tige CB et ajuster le piston A de façon que les concamérations soient les plus nettes possible ;

3º Mesurer la distance L entre les concamérations extrêmes, séparées par n intervalles ; on a :

$$\frac{1}{2} \lambda = \frac{L}{n} ;$$

noter la température t ;

4º Faire passer un courant d'acide carbonique sec jusqu'à ce que l'air soit certainement remplacé par le nouveau gaz ;

5º Faire vibrer la tige, mesurer la distance L' entre les concamérations extrêmes, séparées par n' intervalles.

On a :

$$\frac{1}{2}\,\lambda' = \frac{L'}{n'}\;;$$

noter la température t' ;

6° Calculer le rapport γ' relatif à l'acide carbonique déduit de la formule :

$$\frac{V}{V'} = \frac{\lambda}{\gamma'} = \sqrt{\frac{\gamma}{\gamma'}\cdot\frac{\delta'}{\delta}\frac{1+\alpha t}{1+\alpha' t'}}\,.$$

On prendra pour γ la valeur déterminée par l'expérience de Clément et Desormes.

De plus, on sait que :

$$\delta' = 1{,}529\ \delta,\ \alpha = 0{,}00367\ \text{et}\ \alpha' = 0{,}00370.$$

Disposition des résultats :

Nature du gaz	L	n	λ	t

HYGROMÉTRIE

39. — L'hygromètre d'Alluard est composé d'un prisme en laiton mince doré extérieurement, dans lequel on introduit de l'éther ; un système de tubes permet d'insuffler de l'air et de refroidir le liquide et le prisme ; la température est donnée par un thermomètre plongé dans le liquide. Le prisme de laiton est encadré d'une plaque en laiton doré également, mais sans contact avec le prisme et par suite ne se refroidissant pas avec lui. Lorsque la température du prisme est abaissée à un point tel que la tension de la vapeur d'eau existant dans l'air devienne saturante à cette température, un dépôt de rosée apparaît sur le prisme ; on en juge par contraste avec la surface du cadre non ternie par la rosée.

L'expérience est conduite comme suit :

L'instrument étant aux **3/4** rempli d'éther, on fait passer un lent courant d'air, en observant l'abaissement graduel du thermomètre.

Dès que la surface dorée du réservoir se ternit, on arrête le courant d'air, on note la température t au même instant ; on laisse réchauffer, la buée disparaît progressivement, et, lorsque la surface du réservoir a repris tout son éclat, on note la température t'. On recommence alors à faire passer le courant d'air lent qu'on arrête à la première trace de buée ; on note ainsi successivement des températures $t_1, t_2 \ldots$ d'apparition et t_1', t_2', etc... de disparition de la rosée qui doivent resserrer un intervalle $t' - t$, $t_1' - t_1$, etc... de plus en plus petit. Lorsque cet intervalle est limité à $1/10$ de degré, la valeur moyenne τ donne le *point de rosée*. On observe à ce moment un thermomètre laissé à l'air marquant une température T.

Les tables de tension de vapeur de l'eau en fonction de la température font connaître les valeurs f correspondant à τ, (f représente la tension vraie de la vapeur dans l'atmosphère au moment de l'expérience), et F correspondant à T.

Le rapport $\dfrac{F}{f}$ définit *l'état hygrométrique*. Noter l'approximation de l'expérience.

40. Psychromètre. — L'instrument est formé de 2 thermomètres identiques ; l'un indique la température vraie de l'air T, et l'autre, dont le réservoir est constamment mouillé, indique une température plus basse T'. Si F' représente la tension maxima de la vapeur d'eau à la température T', et f la tension vraie de la vapeur dans l'atmosphère, on peut écrire entre les températures et les tensions la relation suivante :

$$T - T' = k\,(F' - f).$$

Se servir de la détermination de f par l'hygromètre d'Alluard pour déterminer la constante k du psychromètre.

41. Application. — Calculer la masse de la vapeur d'eau contenue dans un mètre cube de l'atmosphère au moment de la détermination de l'état hygrométrique.

Formule :

$$p = V \times 1{,}293 \times d \times \frac{f}{760} \times \frac{1}{1 + \alpha T} \cdot$$

V désigne le volume de la masse gazeuse, d la densité de la vapeur d'eau égale à 0,622 ;

$$\alpha = \frac{1}{273} \cdot$$

42. Table des tensions maxima F de la vapeur d'eau en millimètres de mercure.

Température	F	Température	F	Température	F
— 5	3,16	10	9,4	25	23,5
— 4	3,40	11	9,8	26	25
— 3	3,67	12	10,4	27	26,5
— 2	3,95	13	11,1	28	28,1
— 1	4,25	14	11,9	29	29,7
0	4,57	15	12,7	30	31,5
1	4,91	16	13,5	31	33,4
2	5,27	17	14,4	32	35,3
3	5,66	18	15,3	33	37,4
4	6,07	19	16,3	34	39,5
5	6,51	20	17,4	35	41,8
6	6,97	21	18,5	36	44,1
7	7,47	22	19,6	37	46,7
8	8,00	23	20,8	38	49,2
9	8,5	24	22,1	39	52,0

DENSITÉS PAR LA MÉTHODE DU FLACON

43. — La densité d d'une substance est exprimée par la masse de l'unité de volume de cette substance. La masse M est donc reliée au volume V par la relation :

$$M = Vd.$$

La méthode du flacon pour la détermination des densités consiste à mesurer la masse M d'une certaine substance occupant un volume défini et à déterminer ce volume en mesurant le masse m d'un volume égal d'eau dans des conditions définies ; la densité Δ de l'eau étant connue par des tables, on en déduit le volume par le quotient $\dfrac{m}{\Delta}$, et la densité du corps expérimenté par la relation :

$$d = \frac{M}{m} \times \Delta.$$

44. Densité d'un solide. — 1° Emplir le flacon d'eau distillée, placer le bouchon tubulé dans le col du flacon débordant, plonger le flacon dans la glace fondante et enlever l'excès de liquide dans la tubulure jusqu'à ce que le niveau soit en face d'un repère marqué sur le tube. Sortir alors le flacon de la glace, le laisser revenir à la température ambiante, l'essuyer, le placer dans le plateau d'une balance avec le corps dont on veut chercher la densité ;

2° Déterminer par deux pesées successives la masse du corps M (une dizaine de grammes) ;

3° Ouvrir le flacon, le vider à demi, introduire le corps dans l'eau, chasser l'air adhérent par ébullition dans le vide ou sur une lampe à alcool, remplir à nouveau complètement le flacon, le maintenir dans la glace et ramener l'eau au niveau du repère ; laisser réchauffer et porter dans le plateau de la balance ;

4° Un nouvel équilibre, comparé à la première pesée antérieure, fait connaître la masse m de l'eau qui a été remplacée dans le flacon par le corps.

Les densités étant représentées par d pour le corps et Δ_0 pour l'eau :

$$d = \frac{M}{m}\, \Delta_0.$$

45. Remarques. — 1° Ne pas oublier de traduire sur le carnet d'observation tous les équilibres de la balance par l'équation générale :

$$\text{Tare} = \text{corps} + \text{poids marqués} ;$$

2° On peut faire la détermination sans ramener le flacon à 0° en l'entourant de glace ; on effectue simplement les remplissages à la température ambiante de la salle d'expérience. Si cette température t est restée constante dans l'intervalle des pesées, la densité de l'eau est Δ_t et l'équation de l'expérience :

$$d = \frac{M}{m}\, \Delta_t.$$

3° Si on opère dans des conditions de sensibilité et d'exactitude suffisantes (eau maintenue à 0° et balance sensible au dixième de milligramme), la détermination des masses M et m doit faire entrer en ligne de compte dans les pesées les poussées de l'air sur les corps placés dans les plateaux de la balance, poussées qui font que les équilibres successifs de la balance correspondent, non pas à l'égalité des masses successivement placées dans les plateaux, mais à l'égalité de leurs poids apparents. En tenant compte de ceci, les corrections s'introduisent comme suit : le remplacement du corps de masse M par les poids marqués équivalents P donne l'égalité :

$$M\left(1 - \frac{a}{d}\right) = P\left(1 - \frac{a}{\lambda}\right)$$

où a désigne la densité de l'air au moment de l'expérience, d la densité du corps, λ celle de la matière constituant les poids marqués.

Le remplacement de la masse m d'eau par les poids marqués p donne l'équation :

$$m\left(1 - \frac{a}{\Delta_0}\right) = p\left(1 - \frac{a}{\lambda}\right)$$

D'autre part, la densité d que nous cherchons est définie par l'équation :

$$d = \frac{M}{m}\,\Delta_0$$

De la combinaison de ces équations on conclut avec une exactitude suffisante (les quantités $\frac{a}{\lambda}$ ou $\frac{a}{d}$ étant d'un ordre de grandeur assez petit pour négliger leurs carrés),

$$d = \frac{P}{p}\,\Delta_0\left(1 - a\,\frac{\frac{d}{\Delta_0} - 1}{d}\right) = \frac{P}{p}\,\Delta_0 - a\,\frac{P - p}{p}.$$

Les valeurs de P et p sont déduites de la combinaison des équations de pesées successives ; ce sont les nombres employés précédemment pour M et m, si on croit pouvoir négliger la poussée de l'air.

46. Densité d'un liquide. — 1° Équilibrer le flacon vide et sec dans le plateau d'une balance contre une tare supérieure à la masse totale qu'il constituera étant rempli.

2° Remplir le flacon jusqu'au repère du col effilé avec le liquide étudié, à la température t (température ambiante du laboratoire, par exemple) ;

3° Équilibrer à nouveau le flacon plein du liquide contre la tare constante ; déduire de ces deux équilibres la masse M du liquide ;

4° Vider le flacon, le laver, le remplir à la même température t d'eau distillée ;

5° Équilibrer le flacon plein d'eau distillée avec la tare constante, en déduire la masse m de l'eau distillée.

On calcule la densité du liquide par la formule :

$$d = \frac{M}{m}\, \Delta_t \, ,$$

Δ_t étant la densité de l'eau à la température de t.

47. Remarques. — Comme pour la recherche de la densité des solides, il est assez essentiel, si on veut une bonne appproximation, de maintenir la température t constante, et le mieux pour cela est de faire les remplissages du flacon à 0° en l'entourant de glace pilée.

La correction des poussées de l'air interviendra dans la formule comme pour la densité d'un corps solide (45).

BALANCE HYDROSTATIQUE. ARÉOMÈTRES

48. — Avec ces appareils on compare, soit les poussées exercées par les divers liquides sur un même volume de corps, soit les volumes liquides produisant une poussée égale au poids de l'appareil flotteur.

49. Densité d'un liquide par la balance hydrostatique. — 1° Une sphère de laiton est suspendue par un fil fin sous le plateau d'une balance. L'autre plateau est chargé d'un poids plus fort. Établir l'équilibre par un poids p dans le premier plateau ;

2° Faire plonger la sphère dans le liquide dont on cherche la densité, établir à nouveau l'équilibre au moyen d'un poids p_1 ; $p_1 - p$ représente la poussée exercée par le liquide sur le volume de la sphère, c'est-à-dire le poids de la masse liquide occupant le volume de la sphère.

3º Essuyer la sphère retirée du liquide, puis la faire plonger dans l'eau ; établir l'équilibre à nouveau avec des poids p_2 ; $p_2 - p$ représente le poids de la masse d'eau occupant le volume de la sphère. Soit Δ_t la densité de l'eau à la température de l'expérience.

La densité du liquide d se calcule par la formule :

$$d = \frac{p_1 - p}{p_2 - p}\, \Delta_t\,.$$

Donner l'approximation du résultat.

50. Aréomètre de Nicholson (*Densité d'un corps solide*). — 1º Faire flotter l'aréomètre dans l'eau et mettre sur le plateau supérieur des poids p jusqu'à affleurement au repère marqué sur la tige ;

2º Mettre sur le plateau supérieur le corps dont on veut connaître la densité et ajouter les poids p_1 nécessaires pour établir l'affleurement au repère ; $p - p_1$ mesure la masse du corps ;

3º Mettre le corps dans le panier inférieur plongé dans l'eau, et ajouter sur le plateau supérieur les poids p_2 nécessaires pour produire l'affleurement ; $p_2 - p_1$ représente la poussée de l'eau sur le corps qui y est plongé, c'est-à-dire le poids de la masse d'eau occupant le même volume que le corps.

La densité de ce dernier est donc :

$$d = \frac{p - p_1}{p_2 - p_1} \times \Delta_t$$

en désignant par Δ_t la densité de l'eau à la température de l'expérience.

Observation. — Enlever après chaque affleurement les poids mis dans le plateau et les replacer suivant l'ordre dans la boîte, avant de recommencer un nouvel équilibre.

51. Aréomètre Baumé. Densimètres. — Relever le degré d'affleurement d'un de ces instruments dans un liquide dont la densité a été déterminée par une des méthodes précédentes et comparer les résultats.

Les graduations de densimètres donnent directement la densité ; les degrés Baumé sont transformés par la table de correspondance donnée ci-après.

52. Densités correspondant, à 12°5, aux indications de l'aréomètre Baumé

Degrés Beaumé	D.	Degrés Beaumé	D.	Degrés Beaumé	D.
0	0.9995	17	1.128	34	1.296
1	1.006	18	1.137	35	1.307
2	1.013	19	1.146	36	1.319
3	1.020	20	1.155	37	1.331
4	1.027	21	1.164	38	1.343
5	1.034	22	1.173	39	1.355
6	1.041	23	1.182	40	1.367
7	1.048	24	1.192	41	1.380
8	1.056	25	1.201	42	1.393
9	1.064	26	1.211	43	1.406
10	1.071	27	1.221	44	1.419
11	1.079	28	1.231	45	1.433
12	1.087	29	1.241	46	1.447
13	1.095	30	1.252	47	1.461
14	1.103	31	1.263	48	1.476
15	1.112	32	1.273	49	1.491
16	1.120	33	1.284	50	1.506

53. Densités de l'eau à différentes températures

T.	Δ	T.	Δ	T.	Δ
0	0.9999	14	0.9993	23	0.9976
2	1.0000	15	0.9992	24	0.9974
4	1.0000	16	0.9990	25	0·9971
6	1.0000	17	0.9988	26	0.9969
8	0.9999	18	0.9986	27	0.9966
10	0.9997	19	0.9985	28	0.9963
11	0.9996	20	0.9983	29	0.9960
12	0.9995	21	0 9980	30	0.9958
13	0.9994	22	0.9978		

DENSITÉ D'UNE VAPEUR

54. Méthode de Dumas. — La densité des gaz et des vapeurs se rapporte généralement à l'air pris dans les mêmes conditions de température et de pression. Il est d'ailleurs facile d'exprimer comme pour les solides et liquides la densité absolue (masse de l'unité de volume).

La méthode de Dumas n'est autre que l'application aux vapeurs de la méthode du flacon.

On a étiré le col d'un ballon de 250 centimètres cubes environ, de façon à former une longue pointe effilée et recourbée.

1° Tarer le ballon rempli d'air, noter la pression barométrique H à ce moment ;

2° Chauffer légèrement le ballon, plonger la pointe dans le liquide dont on veut déterminer la densité de vapeur, laisser pénétrer dans le ballon qui se refroidit 4 à 5 centimètres cubes de liquide et placer le ballon sur un support qui le maintient plongé dans un bain liquide qu'on chauffe progressivement.

La pointe effilée du ballon reste hors du bain de chauffage ; on voit sortir la vapeur par cette pointe, et on observe attentivement le jet de vapeur ; il cesse lorsque tout le liquide s'est réduit en vapeur remplissant le ballon à la température du bain T, qu'on note à ce moment; noter aussi la pression barométrique H' ; fermer aussitôt le tube effilé avec une flamme de gaz ;

3° Tarer à nouveau le ballon plein de la vapeur ;

4° Plonger la pointe sous l'eau et la casser; la vapeur s'étant condensée, l'eau pénètre dans le ballon et le remplit complètement si l'air a bien été chassé par la vapeur ;

5° Tarer le ballon plein d'eau.

Les pesées successives font connaître la différence π entre la masse d'air remplissant le ballon à la température ordinaire et la masse de vapeur qui le remplissait à la température T du bain de chauffage, et la masse M de l'eau. Le volume du ballon à la température ordinaire est $\dfrac{M}{\Delta_t}$; à la température T, ce volume serait :

$$\frac{M}{\Delta_t}\left(1 + k\,(T - t)\right),$$

en désignant par k le coefficient de dilatation du verre.

La masse d'air qui remplit le ballon à t a pour valeur :

$$\frac{M}{\Delta_t} \times 0,001293 . \frac{H}{760} . \frac{273}{273 + t} ;$$

en l'ajoutant à π, on a la masse m de la vapeur remplissant le ballon à T°.

La masse d'air μ qui remplirait le ballon à T degrés a pour expression :

$$\mu = \frac{M}{\Delta_t}\left(1 + k\,(T - t)\right) \cdot 0{,}001293 \cdot \frac{H'}{760} \cdot \frac{273}{273 + T} \cdot$$

La densité cherchée de la vapeur à T degrés par rapport à l'air est donnée par :

$$\delta = \frac{m}{\mu} \cdot$$

Sa densité absolue, à la température de T degrés, est :

$$\frac{m}{\dfrac{M}{\Delta_t}\left(1 + k\,(T - t)\right)} \cdot$$

55. Méthode de Mayer (fig. 10). — On produit la vapeur au fond d'un long tube T, chauffé dans une étuve M ; l'air chassé par la vapeur est recueilli par une tubulure latérale sous l'éprouvette E.

1° Préparer une petite ampoule en verre mince, la tarer, la remplir du liquide dont on veut connaître la densité, la tarer à nouveau, en déduire la masse de liquide m ;

2° Chauffer l'étuve pour amener l'eau ou le liquide qu'elle contient à l'ébullition, noter la température T de l'étuve ; placer l'ampoule remplie du liquide étudié dans la tubulure A séparée du tube principal par un caoutchouc serré dans une pince P. Placer sur la tubulure latérale l'éprouvette graduée E remplie d'eau. Lorsque l'étuve a pris la température stationnaire T, ouvrir la pince P pour laisser tomber l'ampoule au fond du tube, et la refermer aussitôt. La chaleur fait éclater l'ampoule, la vapeur produite refoule dans l'éprouvette E la masse d'air qui occupait le volume qu'elle remplit à son tour.

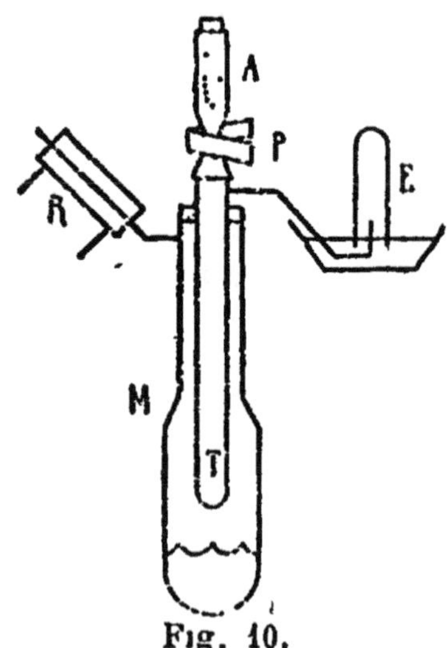

Fig. 10.

3° Mesurer le volume V d'air recueilli dans l'éprouvette E en notant la pression H, la température t, la tension maxima de la vapeur d'eau f à cette température.

La densité relative de la vapeur à T° par rapport à l'air est :

$$\delta = \frac{m}{V \times 0,001293 \times \dfrac{H - f}{760} \cdot \dfrac{273}{273 + t}} \cdot$$

CRYOSCOPIE

56. — Lorsqu'on refroidit un liquide contenant une autre substance en solution, la température de congélation de la solution est inférieure à celle du dissolvant pur. L'abais-sement du point de congélation a est proportionnel à la masse p de substance dissoute dans un même poids P de dissolvant, le coefficient de proportionnalité variant d'ailleurs suivant les substances en raison inverse de leur masse molé-culaire M. On a donc la relation :

$$a = \alpha \, \frac{p}{M}$$

En définitive, la molécule d'un corps quelconque introduite en dissolution dans une quantité déterminée de liquide abaisse de la même quantité son point de congélation. Cette quan-tité α, constante, est l'abaissement moléculaire, et se rapporte généralement à la solution contenant 1 molécule par *100 gram-mes de dissolvant.*

Les solutions salines aqueuses présentent des exceptions remarquables à cette loi; ces exceptions sont expliquées par le fait qu'une fraction γ de la masse équivalente du sel serait dissociée en ions porteurs des charges électriques, et cause de la conductibilité des solutions. Pour un sel binaire formé de radicaux monovalents, cette fraction dissociée fonctionnerait comme contenant un nombre double de molécules; de sorte que l'ensemble de la masse équivalente du sel dissous agirait, non pas comme une molécule, mais comme $1 - \gamma$ pour la partie non dissociée, plus 2γ pour la partie dissociée, soit finalement comme $1 + \gamma$ molécules. Dans ces conditions, l'abaissement de congélation de l'eau contenant en solution la masse équivalente d'un sel, est plus forte que si elle contient une molécule de substance organique dont la solution n'est pas conductrice.

Pour étudier les abaissements cryoscopiques, on use d'un matériel très simple ; un récipient contient le bain réfrigérant (mélange de glace et d'eau salée pour la cryoscopie des solutions aqueuses). Ce récipient est entouré par une grande caisse, et l'intervalle entre les parois et le récipient est rempli de substances peu conductrices pour la chaleur, ouate, sciure, etc.

La solution expérimentée est introduite dans le fond d'un tube à parois minces, fixé à un support et maintenu plongé dans le bain réfrigérant. Un thermomètre donnant le 100e de degré et dont le 0 a été vérifié soigneusement, est plongé dans la solution ; le réservoir de ce thermomètre est garni de toile métallique de platine, et on s'en sert pour agiter la solution.

On procédera aux exercices suivants.

57. Loi de l'abaissement du point de congélation pour les solutions d'alcool éthylique dans l'eau. — 1° Préparer des solutions alcooliques à divers titres, en ajoutant par exemple dans des flacons contenant 100 grammes d'eau, 10 grammes, 2 grammes et 0 gr. 5 d'alcool éthylique ;

2° Introduire dans le tube cryoscopique la solution la plus concentrée, rincer le tube et le réservoir du thermomètre plusieurs fois avec cette solution et finalement laisser au fond du tube quelques centimètres cubes de la solution ;

3° Installer le tube cryoscopique dans le bain réfrigérant, agiter avec le thermomètre, suivre l'abaissement du point de congélation et lorsque la température est descendue un peu au-dessous de celle prévue pour la congélation (la solution restant en surfusion), jeter dans le tube cryoscopique un petit fragment de glace, agiter toujours. La surfusion cesse, le thermomètre remonte, et on lit le point maximum de la température (la colonne thermométrique reste assez longtemps stationnaire pour faire une lecture précise, l'agitation ayant dû cesser du fait de la congélation)

4° La lecture du point de congélation au-dessous du 0, corrigée de l'erreur de ce 0 s'il y a lieu, fournit l'abaissement a_1 relatif à une solution de p_1 grammes d'alcool dans 100 grammes d'eau ; calculer l'abaissement moléculaire par la formule :

$$a_1 = \alpha_1 \, \frac{p_1}{M} \qquad\qquad (M = 46)$$

5° Faire la même détermination pour les autres solutions d'alcool.

6° Construire des courbes en portant en ordonnées respectivement a et α, et en abscisses communes la concentration p pour 100 grammes de dissolvant.

Disposition des résultats :

Correction du 0 =

p	a (observé)	a (corrigé)	α

58. Loi de l'abaissement moléculaire d'une solution électrolyte.

— 1° Préparer des solutions contenant 5 grammes, 1 gramme, et 0 gr. 2 de chlorure de sodium dans 100 grammes d'eau ;

2° Déterminer les abaissements de points de congélation de ces solutions comme il a été fait avec les solutions alcooliques ;

3° Construire les courbes en p et a ou α' ;

4° Calculer pour les concentrations essayées la fraction de dissociation correspondante γ en admettant comme normal l'abaissement moléculaire moyen α déduit de l'étude des solutions alcooliques, et en appliquant la relation :

$$\alpha' = (1 + \gamma)\,\alpha;$$

5° Construire la courbe ayant γ pour ordonnées et p pour abscisses.

Disposition des résultats :

Substance essayée M =

Correction du 0 =   Abaissement moléculaire normal α =

p	a (observé)	a (corrigé)	α'	γ

ALCOOMÉTRIE

La richesse alcoolique d'un vin sera recherchée par les trois dispositifs suivants :

59. Alambic Salleron. — Il se compose d'un petit ballon dans lequel on porte le liquide à l'ébullition, et d'un serpentin entouré d'eau froide et relié au ballon : les vapeurs alcooliques s'y condensent et on recueille le mélange d'alcool et d'eau dans une petite éprouvette divisée. Un alcoomètre, un thermomètre et une table de correction des lectures de l'alcoomètre accompagnent l'instrument.

Mode opératoire. — Verser dans le ballon en verre deux fois la contenance de l'éprouvette divisée, en mesurant chaque fois jusqu'au trait supérieur et en égouttant bien pour qu'il ne reste pas de liquide dans l'éprouvette ; remettre ensuite le ballon sur la lampe et le relier au réfrigérant à l'aide du bouchon en caoutchouc ; remplir le réfrigérant d'eau froide, placer l'éprouvette sous le réfrigérant et allumer la lampe.

Distiller jusqu'à ce que l'éprouvette soit pleine jusqu'au trait supérieur. Arrêter alors la distillation et mélanger le liquide contenu dans l'éprouvette ; après quelques instants de repos nécessaires pour faire disparaître les bulles d'air produites par l'agitation, plonger simultanément le thermomètre et l'alcoomètre et, au moyen de la table de correction, déterminer la richesse alcoolique du liquide distillé.

Le liquide distillé ne représentant que la moitié du volume de celui soumis à l'essai, sa richesse alcoolique est double ; il faut par conséquent prendre la moitié du résultat obtenu.

60. Ebullioscope Malligand-Benevolo. — Cet instrument repose sur le fait que la présence d'alcool dans l'eau abaisse le point d'ébullition de l'eau ; cet abaissement est sensiblement proportionnel à la quantité d'alcool ; l'observation de la colonne thermométrique peut donc, jusqu'à un certain point, renseigner sur la richesse alcoolique.

Il est vrai que l'influence des matières salines contenues dans le liquide alcoolique peuvent fausser le résultat obtenu, mais l'instrument est d'un emploi rapide et commode.

Description. — L'ébullioscope à bouilleur mobile (fig. 11) se compose : 1º d'un cylindre en cuivre creux dans lequel est fixé le bouilleur B qui s'ajuste à l'appareil par une emmanchure à baïonnette pourvue d'un manche en bois ; 2º d'un réfrigérant R fixé sur un pied P à anse ; 3º d'un thermomètre T disposé le long du réfrigérant ; sur ce thermomètre peut se mouvoir un curseur C à flèche ; 4º d'une réglette mobile à deux divisions *degré légal* et *degré Malligand* en cinquièmes de degré ; 5º d'une tubulure U traversant l'intérieur du réfrigérant ; 6º d'une lampe à alcool L.

Réglage de l'appareil. — 1° Verser de l'eau dans le bouilleur jusqu'au niveau de la membrane fixée au-dessus du fond, pour que l'eau ne touche pas le réservoir du thermomètre ;

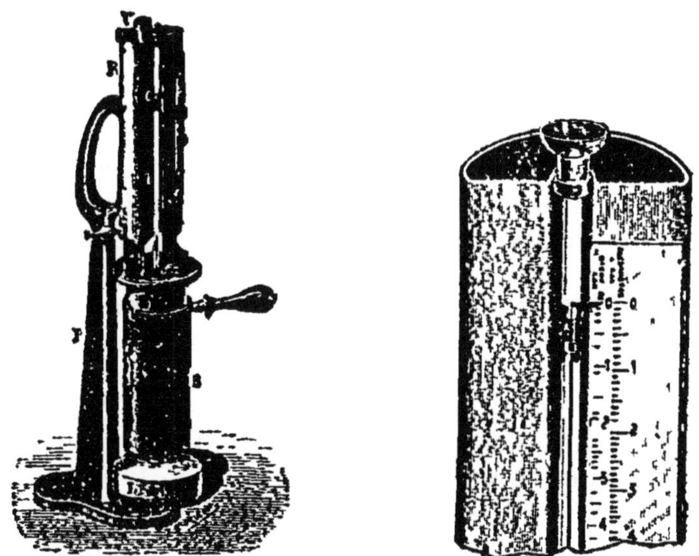

Fig. 11. — Ebullioscope Malligand-Benevolo.

saisir de la main gauche l'anse du pied de l'appareil ; ajuster le bouilleur avec la main droite, en ayant soin de faire un petit effort de droite à gauche à l'aide du manche de bois, pour l'adapter convenablement ; 2° ne pas mettre d'eau dans le réfrigérant pendant le réglage ; 3° placer la lampe allumée sous l'appareil ; le mercure apparaît bientôt dans le thermomètre et continue à s'élever, pour devenir stationnaire quand la vapeur d'eau s'échappe par la tubulure U ; à ce moment seulement, amener l'index du curseur A du thermomètre en regard du sommet de la colonne de mercure, faire coïncider le zéro de l'échelle mobile avec la flèche B et fixer cette réglette au moyen de la vis dont elle est munie.

Mode d'emploi. — 1° L'appareil étant ainsi réglé, retirer la lampe et rincer l'appareil avec le liquide à essayer. Pour cela vider et égoutter le bouilleur, puis verser par la tubulure U une certaine quantité du liquide à essayer qu'on recueille dans le bouilleur. Recommencer cette opération et égoutter l'appareil ; 2° remplir presque complètement le bouilleur du liquide à essayer, le rajuster, remplir d'eau le réfrigérant jusqu'au niveau du trop-plein et placer la lampe sous le bouilleur ; . 3° Suivre avec le curseur l'ascension du mercure du thermomètre, qui devient rapidement stationnaire ; attendre une minute environ, et lire sur l'échelle de la réglette, en regard de la flèche B du curseur A, les degrés indiqués ; sur l'échelle de gauche on lit le *degré Malligand*, sur celle de droite celui de l'*alcoomètre légal*.

61. Compte-gouttes Duclaux. — Cet instrument consiste en une pipette terminée par un tube capillaire ; le volume d'une goutte liquide tombant de cette pipette diminue en même temps que la tension superficielle ; il en résulte qu'un volume donné de liquide alcoolique donne un plus grand nombre de gouttes que le même volume d'eau pure. Un tableau de correspondance peut donner la richesse alcoolique en fonction de ces nombres.

Ce tableau est établi pour les mélanges d'alcool et d'eau pure et le résultat de l'essai d'un liquide quelconque peut être faussé par la présence de matières salines.

Mode opératoire. — 1° Remplir la pipette d'eau pure et compter les gouttes qui se forment pendant l'écoulement du liquide entre les deux repères qui limitent un volume de 5 centimètres cubes.

Ce nombre n est voisin de 100 ;

2_0 Remplir la pipette avec le liquide à essayer et compter le nombre de gouttes n' données par ce liquide pendant l'écoulement de 5 centimètres cubes ;

3° A 100 gouttes d'eau correspondent $N' = n' \times \dfrac{100}{n}$

gouttes du liquide essayé ;

4° Chercher sur la table suivante le titre alcoolique T correspondant au nombre N' de gouttes.

T	N'	T	N'	T	N'	T	N'
0	100	6	130.5	11	147	16	163.5
1	107						
2	113	7	131	12	150.5	17	167
3	118	8	137.5	13	154	18	170
4	122.5	9	140.5	14	157	19	173
5	126.5	10	144	15	160	20	176

CHAPITRE II

MAGNÉTISME ET ÉLECTRICITE

MESURE DE L'INCLINAISON MAGNÉTIQUE

62. — La force magnétique terrestre forme avec la verticale du lieu le *méridien magnétique* ; l'angle de ce méridien avec le méridien géographique constitue la *déclinaison* ; l'angle de la force magnétique avec l'horizontale dans le plan du méridien magnétique s'appelle l'*inclinaison*.

Pour déterminer l'inclinaison, on emploie une aiguille aimantée montée sur un axe horizontal passant par son centre de gravité ; un cercle gradué permet de lire la position d'équilibre des extrémités de l'aiguille.

Quand l'aiguille est dans le méridien magnétique, sa position d'équilibre fait avec l'horizontale un angle I qui mesure directement l'inclinaison.

Dans toute autre direction, l'angle i' que fait l'aiguille avec l'horizontale est lié à l'inclinaison par une relation où intervient la position azimuthale du plan de rotation de l'aiguille. Mais, si on observe les angles i', i'' successivement dans deux azimuths rectangulaires, on peut calculer l'inclinaison véritable I par la relation :

$$\operatorname{cotg}^2 I = \operatorname{cotg}^2 i' + \operatorname{cotg}^2 i'' \qquad (1).$$

63. Première méthode. — On procèdera aux observations de la façon suivante :

1º Etablir l'horizontalité du cercle azimuthal ; par construction, l'axe de rotation du cercle dans le plan duquel se déplace l'aiguille aimantée sera vertical ;

2º Chercher la position du cercle vertical pour laquelle l'aiguille aimantée reste verticale (on examine sa direction par rapport à un fil à plomb).

A ce moment, l'aiguille étant soumise seulement à l'action de la pesanteur, la force magnétique n'a pas de composante dans son plan d'oscillation, elle lui est rectangulaire ;

3° Lire la position du plan d'oscillation sur le cercle azimuthal, puis tourner le plan d'oscillation exactement de 90° ; il contiendra la force magnétique dans cette nouvelle position ; lire sur le cercle vertical l'inclinaison I de l'aiguille en équilibre (moyenne des lectures faites aux 2 extrémités de l'aiguille), c'est l'inclinaison de la force magnétique ;

4° Retourner l'aiguille face pour face et recommencer les opérations et une nouvelle lecture de I.

Prendre la moyenne des observations.

Indiquer l'approximation du résultat.

64. Deuxième méthode. — 1° Le plan d'oscillation de l'aiguille étant arbitrairement choisi, lire les graduations du cercle correspondant aux extrémités de l'aiguille en équilibre ; retourner l'aiguille face pour face et refaire les lectures ; la moyenne i des 4 lectures constitue l'inclinaison de l'aiguille dans le plan d'oscillation.

2° Faire tourner le plan d'oscillation exactement de 90° et recommencer la détermination de l'inclinaison i' de l'aiguille dans le nouveau plan.

3° Calculer I par la formule (1).

Remarque. — La position d'équilibre de l'aiguille sera déterminée plus exactement en lisant sur la graduation du cercle vertical les limites d'oscillations de faible amplitude et prenant la position moyenne, comme position d'équilibre.

MOMENT MAGNÉTIQUE. INTENSITÉ MAGNÉTIQUE TERRESTRE.

65. — Le *moment magnétique* M d'un barreau aimanté représente le produit de la masse polaire m, par la distance des pôles ; c'est le facteur par lequel il faut multiplier l'intensité du champ magnétique pour avoir le moment du couple exercé par la force magnétique sur ce barreau placé dans le champ.

Un barreau mobile autour d'un axe vertical, soumis à la force magnétique terrestre dont l'intensité horizontale est H, subit l'effet d'un couple de moment $M \times H$; M représente le moment magnétique du barreau.

Ce barreau (fig. 12) placé devant l'aiguille m d'une boussole de déclinaison, et transversalement à la direction magnétique, fait dévier l'aiguille de la boussole d'un angle α dont la tangente mesure le rapport des forces exercées par le champ terrestre et par le barreau aimanté ; si les aimants sont infiniment petits, cette dernière varie en raison inverse du cube de la distance d du barreau M à l'aiguille m.

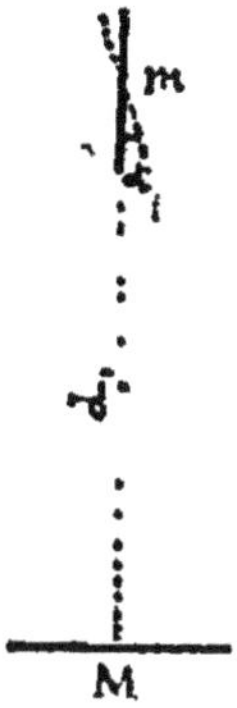

En réalité, par suite des dimensions finies des barreaux aimantés, la déviation α est reliée à la distance d et au moment M du barreau par la relation :

$$d^3 \operatorname{tg} \alpha = \frac{M}{H} \left(1 + \frac{x}{d^2} \right).$$

Fig. 12.

(x est une constante caractéristique du barreau M qu'on élimine en faisant 2 observations).

66. Détermination de $\dfrac{M}{H}$. — Placer le barreau M

dans la position relative indiquée par la figure devant l'aiguille de la boussole à une distance d_1 de cette dernière ; noter sur l'échelle la déviation δ, qui caractérise la position de l'aiguille ; retourner le barreau bout pour bout ; noter la déviation δ' ; retourner une seconde fois le barreau (ce qui le remet dans la position initiale), et noter la déviation δ'' ; la déviation α_1 sera la moitié de la déviation totale :

$$\alpha_1 = \frac{1}{2} \left(\delta' + \frac{\delta + \delta''}{2} \right).$$

Répéter la même détermination de la déviation α_2 produite par le barreau M, placé à une autre distance d_2 de la boussole.

Calculer $\dfrac{M}{H}$ par la formule :

$$\frac{M}{H} = \frac{d_1^3 \operatorname{tg} \alpha_1 - d_2^3 \operatorname{tg} \alpha_2}{d_1^2 - d_2^2}.$$

67. Détermination de MH. — En faisant osciller le

barreau M, suspendu horizontalement par un étrier à un long

fil sans torsion, la durée d'oscillation dépendra de son moment d'inertie et du couple directeur, qui sera non pas la torsion du fil de suspension supposée nulle, mais le couple magnétique de moment MH.

Le moment d'inertie se déduit de la même expérience en usant de masses additionnelles que l'on suspend au barreau à des distances égales du centre (voir art. 28).

Observer la durée t_1 d'oscillation, les masses additionnelles μ étant suspendues à une distance a_1 du centre ; observer la nouvelle durée t_2 d'oscillation, les masses additionnelles étant suspendues à une distance a_2 du centre.

Si I et C représentent les moments d'inertie du barreau et des masses additionnelles par rapport à leur centre de gravité, on a :

$$t_1 = \pi \sqrt{\frac{I + C + 2\mu\, a_1^2}{MH}} \qquad t_2 = \pi \sqrt{\frac{I + C + 2\mu\, a_2^2}{MH}}$$

On en déduit :

$$MH = \frac{2\pi^2\mu\,(a_1^2 - a_2^2)}{t_1^2 - t_2^2}.$$

BOUSSOLE DES SINUS

68. — La boussole des sinus est essentiellement formée d'une aiguille aimantée, suspendue à un fil vertical sans torsion, au centre d'un cadre circulaire sur lequel est enroulé un fil parcouru par le courant à mesurer. Le cadre est mobile autour d'un axe vertical et ses déplacements se lisent sur un cercle azimuthal portant une division en degrés ; une alidade entraînée par le cadre forme vernier pour lire les subdivisions de la graduation.

Lorsque le fil enroulé sur le cadre vertical est parcouru par un courant d'intensité i, l'aiguille aimantée est déviée et si on déplace le cadre de façon à ce que la position d'équilibre reste dans le plan du cadre, l'angle de déviation φ est relié à i par la relation :

$$i = k \sin \varphi.$$

k est la *constante* de l'intrument.

Pour déterminer *k* on procède à une mesure électrolytique du courant en mettant la boussole en circuit avec une pile et un voltamètre à sulfate de cuivre dans lequel plongent deux

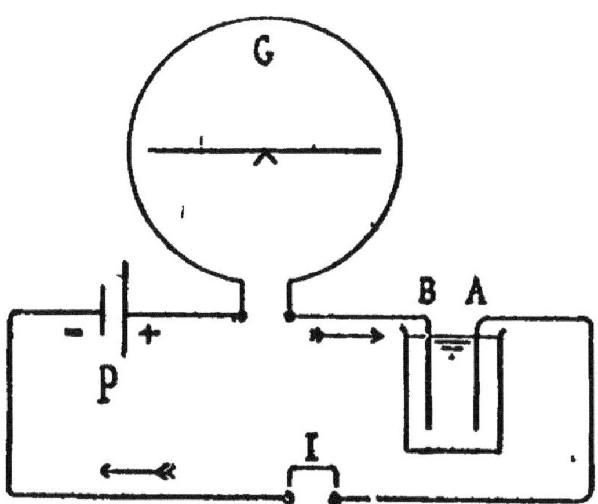

Fig. 13. — G, boussole ; P, pile Daniell ; A, lame négative ; B, lame positive ; I, interrupteur.

lames de cuivre. La variation de poids de la lame de cuivre du voltamètre est proportionnelle à l'intensité du courant et à la durée.

69. — On fait les opérations suivantes :

1º Fermer une pile Daniell en court circuit pendant 15 minutes. Cette opération a pour but de donner à la pile sa résistance et sa force électromotrice normales et d'obtenir par la suite un courant plus constant ;

2º Tarer la lame négative au moins à 1 milligramme près ;

3º Constituer le circuit indiqué par la figure 13 ;

4º Établir l'horizontalité du cercle azimuthal (par les niveaux à bulle d'air placés sur l'appareil) et amener le cadre vertical dans le plan du méridien magnétique ; on voit alors l'aiguille dans le plan du cadre. Lire la graduation du cercle azimuthal correspondant au 0 du vernier :

5º Fermer le circuit en notant exactement le moment de la fermeture ;

6º Faire tourner le cadre pour laisser l'aiguille dans son plan ; lire à nouveau la graduation correspondant au 0 du vernier ; l'intervalle des deux lectures fait connaître la déviation φ de l'aiguille aimantée ; .

7° Répéter cette dernière opération de 3 en 3 minutes, noter les angles φ résultant de chaque opération ;

8° Interrompre l'expérience après 15 minutes ; prendre pour valeur de φ la moyenne des valeurs notées ;

9° Laver la lame négative à l'eau distillée, à l'alcool, la sécher, la tarer à nouveau et en déduire l'augmentation de poids p ;

10° Calculer k par la formule :

$$k = \frac{i}{\sin \varphi}$$

où i est exprimé en ampères proportionnellement à p, sachant que 1 ampère dépose sur la lame négative 0 gr. 0003307 de cuivre *par seconde.*

Disposition des résultats

p	t (en secondes)	i (ampères)	φ	k

LOIS D'OHM

70. — Lorsqu'une pile impolarisable est mise en circuit avec un galvanomètre et des fils variés, l'intensité du courant i marqué par le galvanomètre est donnée par la formule :

$$i = \frac{E}{r + R + g}$$

où E est une constante caractéristique de la pile, ainsi que r, g est une constante du galvanomètre et R dépend du reste du circuit ; r, g et R sont des *résistances* (on les évalue en ohms). E est la force électromotrice (on l'évalue en volts).

71. — Mettre une pile Daniell en circuit avec un rhéostat gradué en ohms et le galvanomètre (milliampères) dont la résistance g est donnée. Faire varier la résistance R du rhéostat entre 10 et 200 ohms ; noter les intensités i correspondantes.

Ecrire pour les valeurs extrêmes i_{10} et i_{200} l'égalité :

$$i_{10} \times (r + 10 + g) = i_{200}(r + 200 + g) = E$$

et calculer $r =$

Faire le tableau :

$$
\begin{array}{rcccccc}
R = & 10 & 20. & . & . & . & 200 \\
R + r + g = & \text{»} & . & . & . & . & \text{»} \\
i = & \text{»} & . & . & . & . & \text{»} \\
i \times (R + r + g) = & \text{»} & . & . & . & . & \text{»}
\end{array}
$$

La dernière ligne doit contenir des nombres égaux entre eux à l'approximation des lectures faites. C'est la valeur de la constante E.

72. — Mettre en circuit, avec le même élément Daniell, le galvanomètre, le rhéostat marquant une résistance de 10 ohms, un fil métallique dont on mesure la longueur l avec une règle et le diamètre d avec un palmer.

Noter l'intensité du courant i'. En déduire la résistance r' du fil par la formule :

$$i (r + R + g + r') = E$$

(E est connu par les expériences précédentes).

Couper le fil en deux parties égales et les mettre parallèlement dans le circuit constitué comme précédemment :

Noter l'intensité i'', calculer la résistance r'' de l'ensemble des deux moitiés du fil précédent.

On trouvera que $r'' = \dfrac{r'}{4}$.

En admettant que la résistance r' est proportionnelle à la longueur et en raison inverse de la section $s = \dfrac{\pi d^2}{4}$, calculer la résistance spécifique ρ du fil d'après la formule :

$$r'' = \rho \times \frac{l}{s}$$

ÉTUDE D'UNE PILE

73. — Le circuit d'une pile *étant fermé*, on mesure *aux bornes* une différence de potentiel e, qui est reliée à la *f. e. m.* E, à l'intensité du courant i et à la résistance intérieure r de la pile par la formule :

$$e = E - ir.$$

Pendant le fonctionnement de la pile, E, r et aussi e varient. On étudiera les circonstances du fonctionnement de la pile par les opérations suivantes :

1° Disposer le circuit suivant la figure 14. Introduire sur R une résistance R_1 (10 ohms par exemple) ;

2° L'interrupteur I étant ouvert, noter l'indication du voltmètre ; c'est la *f. e. m.* E initiale ;

3° Fermer l'interrupteur ; noter immédiatement i à l'ampèremètre et e au voltmètre ; laisser fonctionner la pile pendant un temps θ (2 à 3 minutes par exemple) ;

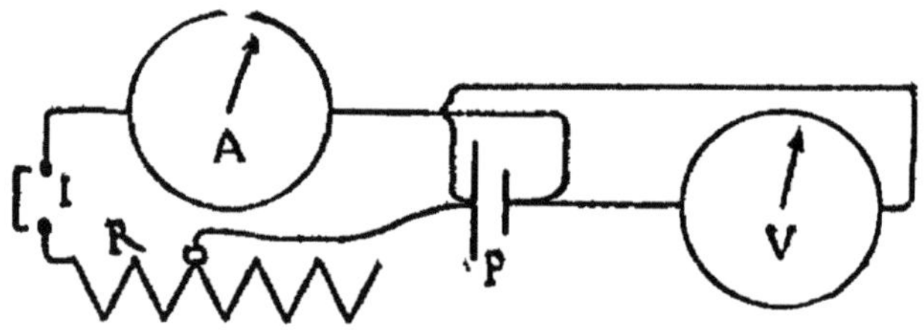

Fig. 14. — A, ampèremètre ; V, voltmètre ; R, rhéostat ; I, interrupteur.

4° Interrompre le circuit, noter E au voltmètre ;

5° Fermer rapidement le circuit et noter immédiatement i et e ;

6° Répéter ces opérations après des intervalles de fonctionnement θ soigneusement notés ;

7° Lorsque i, e, E restent sensiblement constants, ouvrir le circuit et noter l'indication E du voltmètre de minute en minute (E qui a diminué dans le cours de l'expérience reprend peu à peu sa valeur initiale) ;

8° Calculer les valeurs de r, pour chacune des observations faites, en se servant de la relation $ir = E - e$.

Construire sur une même figure trois courbes ayant respectivement pour ordonnées les quantités e, E, r et pour abscisses communes les *temps d'observation*.

9° Répéter les mêmes séries d'observations en prenant sur le rhéostat une résistance différente R_2 (5 ohms par exemple).

Disposition des résultats

$R_1 =$

Temps (minutes)	E (volts)	e (volts)	i (ampères)	r (ohms)

R_2, même tableau.

PONT DE WHEATSTONE

74. — Le pont de Wheatstone est constitué par quatre résistances R_1, R_2, R_3, X, formant les quatre côtés d'un quadri-

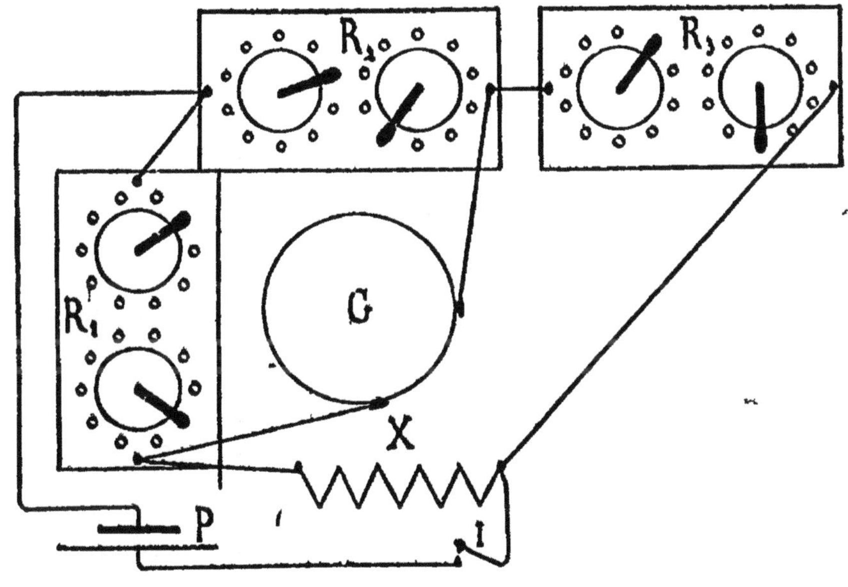

Fig. 15.

latère dont deux sommets sont reliés aux deux pôles d'une pile P, et les deux autres sommets aux bornes d'un galvanomètre G (fig. 15). On règle les résistances R_1, R_2, R_3, de façon à ce qu'aucun courant ne passe dans le galvanomètre. Alors, un même courant I_1 passe dans les résistances R_2, R_3 ; un même courant I_2 dans les résistances R_1 et X. Nul courant ne passant dans le galvanomètre, les sommets du quadrilatère qui lui sont reliés sont au même potentiel V. En désignant par V_1, V_2, les potentiels aux deux autres sommets, les lois d'Ohm montrent que :

$$V_1 - V = I_1 R_2 = I_2 R_1$$
$$V - V_2 = I_1 R_3 = I_2 X.$$

On en tire :

$$\frac{X}{R_1} = \frac{R_3}{R_2}$$

et

$$X = R_1 \times \frac{R_3}{R_2}.$$

Les resistances des côtés adjacents du quadrilatère sont dans le même rapport.

75. Mesure d'une résistance. — Pour mesurer X, si on dispose de trois boîtes de résistance, on procédera comme suit :

1° Monter l'expérience suivant les indications de la figure 15 ;

2° Faire $R_1 = R_2 = 1000$; chercher l'ordre de grandeur de X, en donnant à R_3 les valeurs 0, 1, 10, 100, etc , jusqu'à ce qu'en passant de la valeur 10^n à 10^{n+1} la déviation du galvanomètre change de sens. Ne fermer chaque fois la clef d'interruption I que le temps nécessaire pour juger du sens de la déviation ;

3° Prendre $R_1 = 10^n$ et $R_2 = 10^3$, faire varier R_3 jusqu'à ce que la déviation du galvanomètre change de sens en passant de la valeur a à la valeur $a + 1$.

On procède aux essais en ajoutant les résistances décroissantes dans l'ordre de la boîte, à la façon dont on fait une pesée.

La valeur de X est : $a \times 10^{n-3}$.

4° Intervertir les boîtes R_1 et R_2 et recommencer l'opération précédente en mettant alors 10^n ohms sur R_2 et 10^3 sur R_1 ;

5° Le passage du courant pouvant déterminer des f. e. m. thermo-électriques par échauffement des points de contact, changer le sens du courant dans le circuit et recommencer les deux séries précédentes d'observations.

X sera calculé comme moyenne des quatre observations.

Disposition des résultats :

n	a_1	a_2	a_3	a_4	a moyen	X

Calculer l'approximation relative.

76. Pont à fil. — On obtient une approximation du même ordre en remplaçant les deux rhéostats R_2, R_3, par un simple fil, tendu sur une règle divisée de un mètre de longueur, et sur lequel un curseur mobile relié au galvanomètre vient prendre le contact.

Les valeurs de R_2 et R_3 sont alors proportionnelles aux longueurs l_2, l_3. du fil occupant les mêmes places relatives sur la figure, et la résistance cherchée est donnée par :

$$X = R_1 \times \frac{l_3}{l_2}.$$

Les opérations seront faites comme suit :

1° Monter l'expérience suivant le schéma de la figure 15, le fil remplaçant les deux rhéostats R_2, R_3 ; placer le curseur mobile au milieu du fil ; mettre sur R_1 la plus forte résistance possible, fermer l'interrupteur I, appuyer sur le curseur pour prendre contact avec le fil et observer le sens de déviation du galvanomètre ; ouvrir le circuit, mettre sur R_1 une nouvelle résistance plus faible que la première (en suivant l'ordre des résistances de la boîte) et fermer les circuits. Continuer jusqu'à ce que le sens de la déviation vienne à changer. Continuer à ajouter sur la boîte R_1, à la dernière résistance essayée, les résistances qui lui sont inférieures, à la condition que l'essai laisse toujours voir la déviation du galvanomètre dans le dernier sens constaté qui indique la *valeur par défaut* de la résistance équivalente à X. On s'arrête lorsque l'addition d'*un ohm* vient à changer le sens de la déviation. Soit R_1 la valeur marquée sur la boîte à ce moment.

Déplacer alors le curseur mobile sur le fil, jusqu'à ce que la fermeture simultanée des circuits laisse complètement immobile l'aiguille du galvanomètre ; noter l_2, l_3, les deux longueurs de fil correspondant aux résistances R_2, R_3 ($l_2 + l_3 = 100$ cent.) et faire le calcul de X.

Recommencer l'essai en intervertissant les places de X et de R_1, ce qui intervertit aussi les portions de fil employées pour l'équilibre du pont. En déduire une seconde valeur de X.

Recommencer les deux séries d'essai précédentes en changeant le sens du courant.

Calculer X par la moyenne des quatre valeurs obtenues.

Disposition des résultats :

R_1	l_2	l_3	X	Moyenne

Calculer l'approximation du résultat.

77. Mesure précise d'une résistance par le pont à fil. — Le maximum de sensibilité de la méthode du pont de Wheatstone est obtenu lorsque les quatre côtés du quadrilatère ont des résistances égales.

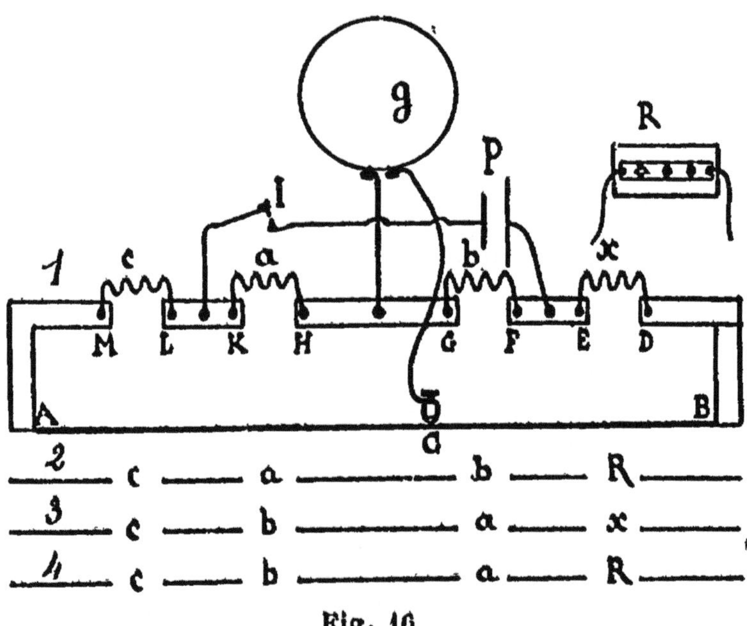

Fig. 16.

Le pont à fil est employé à cet effet, la résistance du fil, peu supérieure à 1 ohm, intervenant seulement comme complément des résistances adjacentes désignées par c et x sur la figure 16 qui représente le schéma du montage ; a et b représentent les deux autres résistances complétant le quadrilatère. On effectue la série d'opérations suivantes :

1° Mesurer d'abord la résistance de x au moins à 1 ohm près ; pour cela le pont lui-même peut servir en mettant x en b, un rhéostat en a et fermant les intervalles marqués sur la figure en c et x par des lames de cuivre sans résistance; essayer sur la boîte les résistances successivement décroissantes, jusqu'à ce qu'une variation de 1 ohm sur la boîte fasse changer le sens de la déviation au galvanomètre quand on ferme successivement les contacts en I et en C.

Déplacer le curseur sur le fil, jusqu'à ce que la fermeture successive des circuits laisse le galvanomètre complètement immobile, et calculer la valeur de x résultant de ces mesures (v. art. 76).

2° Couper dans un fil dont la résistance par centimètre est connue trois portions d'une longueur telle que la résistance totale soit autant que possible égale à la valeur déterminée pour x ; souder aux extrémités de ces fils de gros fils de cuivre de résistance négligeable qui serviront à faire les connections avec l'appareil; construire avec ces fils trois petites bobines qui seront dénommées a, b, c.

Il est prudent de réaliser l'égalité de résistance de ces trois bobines et de x à moins d'un demi-ohm près.

3° Disposer a, b, c, x comme il est indiqué en 1 sur la figure 16. Chercher, en déplaçant le curseur, la longueur l_1 à donner à AC pour qu'il y ait équilibre du galvanomètre quand on a fermé successivement I et C.

4° Substituer à x une boîte R où on introduit une résistance p qui mesure x à moins d'un demi-ohm près (disposition 2) ; déplacer le curseur pour réaliser l'équilibre du pont, et lire la distance AC ; soit l_2 cette longueur.

5° Recommencer les deux opérations précédentes après avoir interverti les résistances a et b (dispositions 3 et 4) ; soient l'_1, l'_2 les longueurs lues dans ces deux opérations.

Si r est la résistance du fil du pont par millimètre, les opérations effectuées sont représentées par les équations :

$$\frac{a}{b} = \frac{c + l_1 r}{x + (1000 - l_1)r} = \frac{c + l_2 r}{p + (1000 - l_2)r} = \frac{(l_1 - l_2)r}{x - p - (l_1 - l_2)r}$$

$$\frac{b}{a} = \frac{c + l'_1 r}{x + (1000 - l'_1)r} = \frac{c + l'_2 r}{p + (1000 - l'_2)r} = \frac{(l'_1 - l'_2)r}{x - p - (l'_1 - l'_2)r}$$

On en tire :

$$x = \rho + [l_1 - l_2 + l'_1 - l'_2]r.$$

Disposition des résultats :

x approché ohms	ρ ohms	l_1 millim.	l_2 millim.	l'_1 millim.	l'_2 millim.	x ohms

Observation. — N'appuyer sur la clef I que le temps nécessaire pour s'assurer du sens de la déviation du galvanomètre dont le circuit est d'ailleurs toujours fermé après I. Ces précautions sont nécessaires pour éviter les courants de self-induction et l'échauffement du circuit.

GRADUATION D'UN GALVANOMÈTRE

78. — Dans les galvanomètres à longue aiguille mobile on ne peut considérer la déviation comme proportionnelle au courant que si elle reste faible (inférieure à 10°). Pour utiliser des valeurs plus fortes de la déviation il faut graduer l'instrument, c'est-à-dire établir la courbe de variation de la déviation en fonction de l intensité.

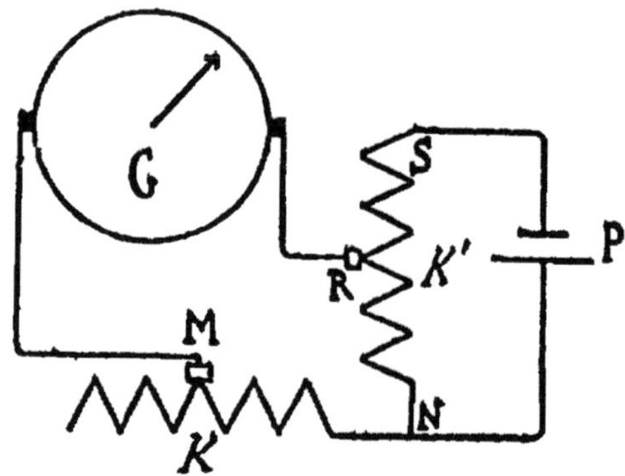

Fig. 17. — G, galvanomètre ; K, K', boîtes de résistance ; P, pile Daniell.

On place pour cela l'instrument en circuit dérivé sur une pile de force électromotrice connue et, en faisant varier les résistances suivant des lois connues, on peut établir la courbe cherchée.

L'expérience est montée comme l'indique la figure 17.

En désignant par i le courant du galvanomètre, I le courant total donné par la pile Daniell, par E la force électromotrice de celle-ci, par r, r', ρ, les résistances NR, SR, NM, par g et p les résistances du galvanomètre et de la pile, on peut écrire en égalant les valeurs de la chute de potentiel entre R et N :

$$i\,(g + \rho) = (\mathrm{I} - i) \times r = \mathrm{E} - \mathrm{I}\,(r' + p).$$

En éliminant I de ces équations, il vient :

$$i = \mathrm{E} \times \frac{r}{(p + r')(r + g + \rho) + r\,(g + \rho)}.$$

On diminuera i en diminuant r et en augmentant r' et ρ.

79. — On conduit les opérations comme suit :

1º Faire d'abord $\dfrac{r}{r'} < 1$ et donner à ρ une valeur telle que la déviation soit inférieure à 10º ; noter cette déviation ;

2º Diminuer ρ progressivement, en notant chaque fois la déviation δ ;

3º Faire $\dfrac{r}{r'} > 1$ et régler ρ pour avoir une déviation un peu supérieure aux précédentes ; continuer de noter ainsi en diminuant ρ les déviations croissantes ;

4º Calculer les i correspondant à chaque observation et construire la courbe ayant δ pour ordonnées et i pour abscisses.

Disposition des résultats :

$$\mathrm{E} = \text{(donnée)} \qquad p = \text{(donnée)} \quad g = \text{(donnée)}.$$

r	r'	ρ	i (milliampères)	δ

MESURE DE LA FORCE ÉLECTROMOTRICE D'UNE PILE PAR LA MÉTHODE DE POGGENDORFF

80. — 1° Disposer le circuit comme il est indiqué sur la figure 18, *les piles étant en opposition.* Avant de fermer le courant, mettre sur la boîte formant pont une résistance R_1 assez forte (2.000 ohms) ;

2° Chercher ensuite sur la boîte r une résistance convenable r_1, telle que l'aiguille du galvanomètre G revienne au 0. Le courant de la pile x, dérivé aux extrémités de R_1, est alors exactement égal à celui donné par la pile E ;

3° Mettre en R une nouvelle résistance R_2, inférieure à R_1 (1.000 ohms par exemple), et chercher la résistance r_2, qui ramènera à nouveau l'aiguille du galvanomètre au 0

Appelant x la force électromotrice de la pile étudiée, et y sa résistance intérieure, écrivons pour chaque expérience l'égalité entre E et la différence de potentiel aux bornes de R ; cette dernière étant le produit de l'intensité du courant par la résistance, on a :

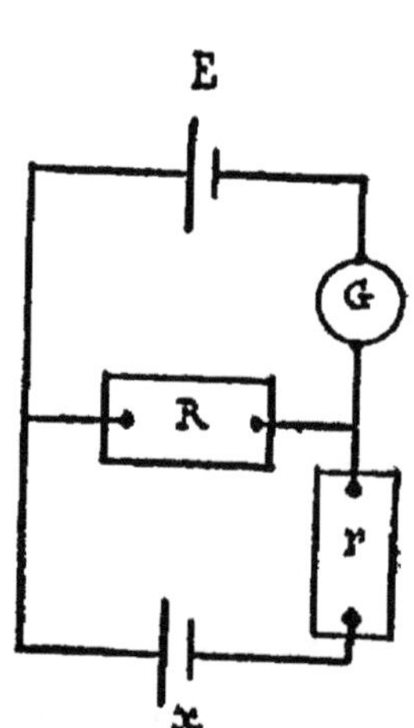

Fig. 18. — E, pile étalon ; G, galvanomètre ; R, r, rhéostats ; x, pile étudiée dont la force électromotrice doit être supérieure à E.

$$E = \frac{xR_1}{y + r_1 + R_1} = \frac{xR_2}{y + r_2 + R_2} =$$

$$= \frac{x(R_1 - R_2)}{(r_1 - r_2) + (R_1 - R_2)}$$

On en tire :

$$x = E \times \frac{(r_1 - r_2) + (R_1 - R_2)}{R_1 - R_2}$$

et :

$$y = \frac{R_2 r_1 - R_1 r_2}{R_1 - R_2}$$

Remarque. — Pour s'assurer que le galvanomètre reste bien en équilibre à son 0, on ouvre et ferme successivement le circuit par un interrupteur intercalé entre E et G.

ÉLECTROMÈTRE A QUADRANTS

81. — L'électromètre est essentiellement constitué par une petite plaque métallique, *l'aiguille*, suspendue à un fil métallique au-dessus de secteurs appelés *les quadrants*, en liaison électrique telle que les actions mécaniques des charges qu'on leur communique s'accordent à déplacer l'aiguille dans une direction donnée. Le modèle d'électromètre de M. Mascart constitue les quadrants par les quarts d'une boîte plate à l'intérieur de laquelle est suspendue l'aiguille d'aluminium évidée et découpée en forme de 8.

L'aiguille est reliée à un pôle d'une pile de charge C (fig. 19), dont l'autre pôle est relié au sol ; une des paires de quadrants

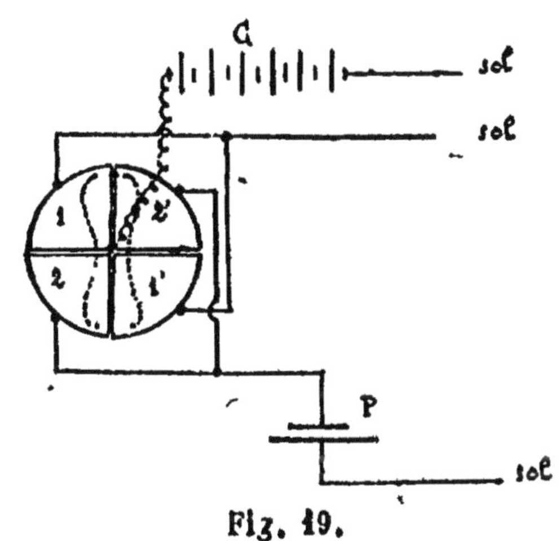

Fig. 19.

est également au sol, l'autre est reliée à une borne de la pile à étudier P ; la seconde borne de cette pile étant également au sol.

On use commodément pour ces dernières liaisons d'une clef inverseuse qui met la borne de la pile P en communication tantôt avec la paire de quadrants 1, 1', tantôt avec la paire 2, 2', l'autre paire étant simultanément mise en communication avec le sol. L'inversion amène pour l'aiguille un déplacement de sens contraire et on lit ainsi sur l'échelle où se traduisent les déplacements de l'aiguille une déviation deux fois plus grande que celle correspondant à la simple différence de potentiel entre les deux paires de quadrants, c'est-à-dire entre les deux bornes de la pile P.

On fera les observations suivantes :

82. Forces électromotrices en circuit ouvert.
— 1° Observer les déviations correspondant à un élément étalon ;

2° Observer les déviations pour différents genres de pile.

Les angles de déviation sont directement proportionnels aux différences de potentiel entre les bornes de la pile, et par suite mesurent directement leur force électromotrice.

Les f. e. m. des étalons usuels sont :

Eléments : Weston, 1 v. 019 ; Latimer Clark, 1 v. 438 ; Gouy, 1 v. 39.

83. Différence de potentiel utilisable. — La
pile P étant en liaison fixe avec l'électromètre, mettre en dérivation sur ses bornes une résistance r, et suivre la variation de la différence de potentiel e aux bornes en fonction du temps (Noter par exemple les valeurs des déviations de 3 en 3 minutes).

Construire une courbe représentant ces variations.

Ouvrir le circuit de la pile et noter les déviations E successivement croissantes jusqu'à ce qu'on retrouve la valeur initiale ; construire une nouvelle courbe de cette variation de potentiel en fonction du temps (*courbe de dépolarisation*).

Répéter les mêmes observations en prenant une autre valeur de la résistance extérieure.

Nota. — En intercalant dans ces expériences un ampère-mètre sur le circuit de la pile, on pourra, pendant qu'elle travaille, noter simultanément les valeurs i de l'intensité du courant, et en déduire à chaque instant la valeur E de la f. e. m. totale par la formule :

$$E = e + ir$$

où r représente la résistance intérieure de la pile calculée d'après les observations initiales, et supposée constante pendant la durée de l'expérience.

On construira la courbe de E en fonction du temps (*courbe de polarisation*).

84. Comparaison des capacités. — 1° Établir la liaison de la pile à l'électromètre; observer la déviation δ ;

2° Par la manœuvre d'une clef isolée, remplacer la communication avec la pile P par la communication avec une capacité connue c (condensateur (voir art. 92) dont une armature sera reliée à la clef, l'autre étant au sol) ; la déviation de l'électromètre diminue et devient δ_1 ;

3° Remettre l'électromètre en charge avec la pile, observer la déviation qui doit être à nouveau égale à δ, puis remplacer le contact avec la pile par le contact avec une capacité à mesurer x ; la déviation s'abaisse à la valeur δ_1'.

En désignant par γ la capacité des quadrants de l'électromètre reliés à la pile P, la charge qu'ils ont prise quand ils sont portés au potentiel V de la pile est γV et se divise pendant la seconde partie de l'opération entre la capacité totale $\gamma + c$ ou $\gamma + x$, ce qui abaisse les potentiels à des valeurs V_1 et V_1' telles que :

$$(\gamma + c)\, V_1 = \gamma V$$

et

$$(\gamma + x)\, V_1' = \gamma V$$

Le rapport des potentiels étant celui des déviations observées on a :

$$\frac{c + \gamma}{\gamma} = \frac{\delta}{\delta_1}$$

ou

$$\frac{c}{\gamma} = \frac{\delta - \delta_1}{\delta_1}$$

et

$$\frac{x + \gamma}{\gamma} = \frac{\delta}{\delta_1'}$$

ou

$$\frac{x}{\gamma} = \frac{\delta - \delta_1'}{\delta_1'}$$

On en tire :

$$x = c\, \frac{\delta - \delta_1'}{\delta - \delta_1}\, \frac{\delta_1}{\delta_1'}.$$

85. Mesure d'une résistance. — La loi de Ohm donne par la relation $e = ir$, la différence de potentiel e entre les deux extrémités d'un conducteur de résistance r dans lequel passe un courant d'intensité i. On peut utiliser cette relation pour comparer les résistances par des mesures de différences de potentiels.

La mesure s'effectue de la manière suivante :

1° Former un circuit comprenant, comme l indique la figure 20, une pile P impolarisable (élément Daniell), une

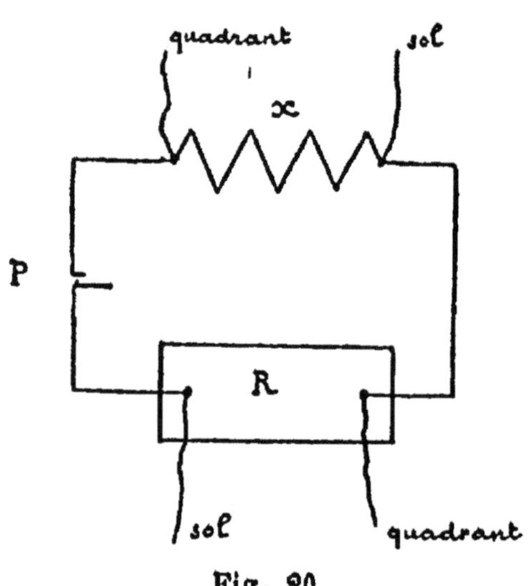

Fig. 20

résistance connue R (prise sur une boîte graduée) et la résistance x à mesurer ;

2° Mesurer avec l'électromètre la différence de potentiel e entre les extrémités de la résistance R; en joignant par exemple, comme l'indique la figure, une des extrémités au sol, l'autre à un des quadrants de l'électromètre de Mascart monté comme à l'article 81 ;

3° Mesurer ensuite la différence de potentiel e' entre les extrémités de la résistance x ;

4° Calculer r par la proportion :

$$\frac{x}{R} = \frac{(ix)}{(iR)} = \frac{e'}{e};$$

comme on utilise seulement le rapport de e à e', il est inutile de connaître ces quantités en valeur absolue ; il suffit de noter les déviations de l'appareil proportionnelles aux différences de potentiel.

Nota. — Si les résistances x et R sont assez faibles (0 à

10 ohms), on peut remplacer, dans cette comparaison, l'électromètre par un galvanomètre à très grande résistance (supérieure à 10.000 ohms).

86. Résistance d'isolement. — Si la résistance x est très considérable, l'emploi de l'électromètre est nécessaire ; si elle est d'un ordre de grandeur très différent du maximum dont on dispose sur la boite R, il faut conduire l'opération comme suit :

1° Constituer le circuit comme la figure 20 l'indique, la résistance R ayant sa valeur maximum (10.000 ohms par exemple), la pile P étant un élément Daniell seul dont la force électromotrice E est connue (1 volt 08) ;

2° Mesurer la différence de potentiel V aux extrémités de x ;

3° Remplacer l'élément Daniell par une source à haut potentiel (batterie d'accumulateurs) de voltage connu E_1 ;

4° Mesurer la différence de potentiel V_1 aux extrémités de R.

Les intensités de courant pendant les deux opérations successives étaient dans le rapport $\dfrac{E}{E_1}$; on a donc :

$$\frac{V}{V_1} = \frac{i}{i_1} \times \frac{x}{R} = \frac{E}{E_1} \cdot \frac{x}{R}$$

ou

$$x = R \times \frac{E_1}{E} \cdot \frac{V}{V_1}$$

ÉLECTROMÈTRE LIPPMANN

87. — Cet électromètre est basé sur la variation de tension capillaire du mercure avec son état électrique.

Un tube de verre T gradué en millimètres ou maintenu devant une échelle graduée est soudé à un tube plus étroit P qu'on a étiré en une pointe très fine ; le tube large est en communication, par une tubulure latérale, avec un réservoir B contenant du mercure ; on peut faire varier la hauteur de ce réservoir en actionnant un petit treuil qui commande le fil auquel le réservoir est suspendu.

La pointe capillaire plongeant dans de l'eau acidulée (ou une autre solution conductrice) qui recouvre du mercure au fond d'une petite cuvette, le tube peut contenir une certaine hauteur de mercure sans qu'il s'écoule par la pointe ; on observe avec un microscope le point auquel le mercure s'arrête dans le tube capillaire lorsqu'il y a une certaine hauteur de mercure dans le tube T. Cette hauteur mesurée par la graduation correspondant au niveau dans le tube, varie avec la différence de potentiel existant entre le mercure de la pointe capillaire et l'électrolyte.

88. — On construit la courbe de l'électromètre de la façon suivante :

1º Constituer le circuit indiqué par la figure 21 ; l'électromètre est en dérivation sur une fraction de la résistance totale composant le circuit d'une pile étalon de f. e. m. connue (82), si cette pile étalon est très polarisable, il faut réserver un interrupteur sur son circuit pour ne la laisser fonctionner que pendant le temps nécessaire à l'observation ;

2º Mettre l'électromètre en court circuit ; régler la hauteur du réservoir, de façon que le tube de l'électromètre supporte 30 à 40 centimètres de hauteur de mercure, quand on voit la surface de ce dernier voisine de l'extrémité de la pointe ; fixer le microscope de façon que le repère oculaire marque la position visée du mercure dans la pointe ; lire la graduation du tube électrométrique correspondant au niveau supérieur ; la hauteur h du mercure contenu dans le tube sera déduite de la connaissance préalable de l'intervalle existant entre l'origine de la graduation et l'extrémité de la pointe P ;

3º Mettre sur les rhéostats des résistances convenables pour avoir, aux extrémités de r, une f. e. m. très faible e_1 ; faire, par exemple :

$$R_1 = 10.000, \qquad r_1 = 10,$$

on a :

$$e_1 = e \frac{r_1}{R_1 + r_1},$$

Fig. 21. — I, interrupteur du circuit de l'électromètre disposé soit pour le mettre en charge, soit pour le mettre en court circuit ; r, R, rhéostats ;

si on néglige le courant à peu près insensible qui doit passer dans la dérivation de l'électromètre ;

4° Mettre l'électromètre en dérivation sur r; le mercure paraît se relever dans le tube effilé; manœuvrer le réservoir pour ramener son niveau au repère fixe; lire la hauteur h_1 correspondant au niveau supérieur dans le tube T ;

5° Mettre l'électromètre en court-circuit; porter la résistance r à une valeur r_2 supérieure à r_1; mettre l'électromètre en dérivation sur r_2; déterminer la nouvelle hauteur h_2 du mercure correspondant à la fixation de la colonne dans la pointe effilée devant le repère fixé; cette hauteur correspond à une différence de potentiel e_2 aux extrémités de r :

$$e_2 = e \frac{r_2}{R_2 + r_2}$$

6° Continuer les mêmes déterminations en faisant croître la f. e. m. aux extrémités de r (par augmentation de r, puis diminution de R) jusqu'à ce qu'elle devienne à peu près égale à 1 volt;

7° Construire la courbe ayant les hauteurs h pour ordonnées et les différences de potentiel e pour abscisses.

Disposition des résultats :

R ohms	r ohms	e volts	h millimètres

APPLICATION DES COURANTS INDUITS

89. Mesure de la constante d'un galvanomètre balistique. — Une petite bobine comprenant n spires de fil, de section moyenne s, placée transversalement aux lignes de force d'un champ magnétique d'intensité $\mathcal{H}$, est reliée à un galvanomètre peu amorti. Le flux magnétique qui traverse la bobine est $ns\mathcal{H}$. Si on supprime le champ, un courant induit instantané donne à l'aiguille du galvanomètre une impulsion en relation avec la quantité d'électricité produite.

Cette quantité d'électricité q est exprimée en *microcoulombs* par :

$$q = \frac{ns\mathcal{H}}{R \times 10^2},$$

R étant la *résistance totale* du circuit secondaire. La déviation θ du galvanomètre est reliée à la quantité d'électricité par la relation :

$$q = K\, \delta\, \sin \frac{\theta}{2} \; ,$$

où K est la *constante* du galvanomètre employé comme balistique et δ un coefficient d'amortissement déterminé de la façon suivante : l'aiguille du galvanomètre oscillant, on lit deux déviations à droite et à gauche de la position d'équilibre : soient d_1 et d_2 ces déviations ; on écrit : $\delta = \sqrt{\dfrac{d_1}{d_2}}$. Ce coefficient est toujours supérieur à 1.

Pour créer le champ $\mathcal{H}$, on emploie un solénoïde, et la détermination de K se fait comme suit :

90. — 1° Monter l'expérience suivant les indications de la figure 22. Introduire en r la résistance nécessaire pour que le circuit secondaire ait une résistance R, voisine de 10^4 ohms ;

2° Noter les distances a, b, de la bobine aux deux extrémités du solénoïde ; mesurer avec un pied à coulisse les diamètres intérieur D_1 et extérieur D_2 de celui-ci ; calculer les angles θ_1, θ_2, sous lesquels on voit du centre M de la bobine secondaire le diamètre moyen $\dfrac{D_1 + D_2}{2}$ de ses deux extrémités ; la valeur du champ $\mathcal{H}$ que produirait un courant de 1 ampère dans le solénoïde est donnée par $\mathcal{H} = \dfrac{2\pi}{10}\, n_1 \left(\cos \dfrac{\theta_1}{2} + \cos \dfrac{\theta_2}{2} \right)$, n_1 étant le *nombre de spires par centimètre* dans le solénoïde ;

3° Faire passer dans le solénoïde un courant d'intensité i, réglé par le rhéostat K, de façon à ce qu'en supprimant le courant, l'élongation du spot sur l'échelle du galvanomètre soit aussi grande que possible (erreur relative minima) ; noter cette élongation d ; l'angle de déviation α est donné par $d = L\, \mathrm{tg}\, 2\alpha$, où L est la longueur qui sépare l'échelle du miroir du galvanomètre ;

4° Calculer la valeur correspondante de K, par la formule $K = \dfrac{n\, s\, \mathcal{H}\, i}{10^2\, R\, \delta\, \sin \dfrac{\theta}{2}}$, exprimant K en microcoulombs ;

s représentant l'aire de la section moyenne de la bobine,

$$s = \frac{\pi\, (D_1 + D_2)^2}{16} \; ;$$

5° Répéter les mêmes observations et calculs pour une autre position de la bobine S.

Disposition des résultats :

$$D_1 = \quad D_2 = \quad L = \quad d_1 = \quad d_2 = \quad \delta = \sqrt{\dfrac{d_1}{d_2}} =$$

a	b	θ_1 degrés	θ_2 degrés	$\mathcal{K}$ c.g.s.	i amp.	d millim.	α degrés	K micro-cou-lombs

91. Étude d'un champ magnétique.

— Le champ à étudier sera celui produit par le solénoïde (fig. 22) le long

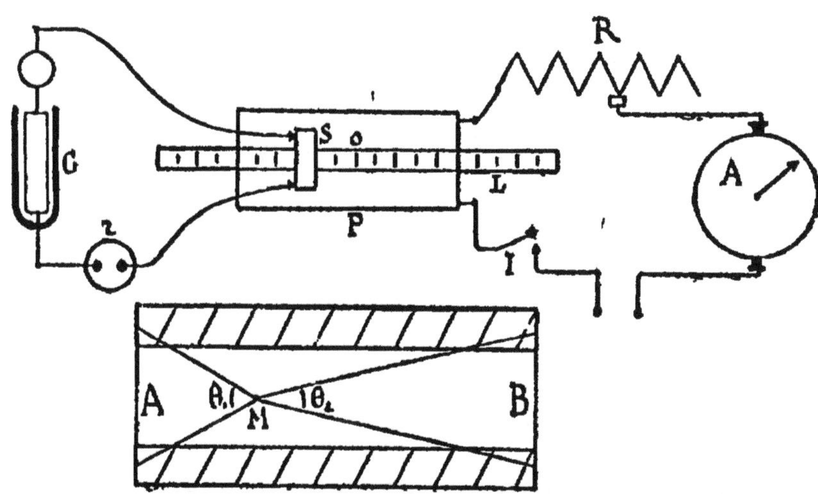

Fig. 22. — P, solénoïde au centre duquel est une règle divisée L, sur laquelle se déplace la bobine S. — A, ampèremètre. — R, rhéostat. — I, interrupteur. — G, galvanomètre. — r, boîte de résistance.

de son axe, en supposant le circuit parcouru par un courant de 1 ampère. L'expérience reste montée comme l'indique la figure ; la constante K du galvanomètre est connue.

1° Placer S au centre du solénoïde ; faire passer dans celui-ci un courant i réglé de façon à rendre la déviation lue sur l'échelle la plus grande possible lorsqu'on supprime le courant ; noter cette déviation d, calculer l'angle θ correspondant ($d = L \operatorname{tg} 2\theta$) et déduire $\mathcal{K}$ de la formule :

$$\mathcal{K} = \frac{K \delta \sin \dfrac{\theta}{2} R \, 10^2}{nsi} = A \frac{\sin \dfrac{\theta}{2}}{i},$$

en réunissant sous le signe A tous les termes constants du dispositif expérimental $\left(A = \cdot\dfrac{K \, \delta \, R \, 10^2}{ns}\right)$;

2° Le galvanomètre étant revenu au 0, déplacer S de quelques centimètres et recommencer la même expérience et les mêmes calculs;

3° Continuer les mêmes déterminations en éloignant la bobine S du centre du solénoïde, en réglant chaque fois le courant i pour que la déviation soit la plus grande possible. S'arrêter lorsque la bobine, en dehors du solénoïde, est assez éloignée pour que l'interruption du courant aussi fort que peut le supporter le solénoïde n'amène pas une déviation de plus de 2 centimètres sur l'échelle;

4° Construire la courbe donnant en ordonnées $\mathcal{K}$ et en abscisses, les distances D de la bobine S au centre du solénoïde.

Disposition des résultats :

L =	d_1 =	d_2 =	δ =	$\sqrt{\dfrac{d_1}{d_2}}$ =
distances au centre D	i ampères	d millim.	θ degrés	$\mathcal{K}$ c.g.s.

EMPLOI DES CAPACITÉS ÉTALONNÉES

92. Mesure des forces électromotrices. — La capacité employée dans ces mesures est un microfarad cons-

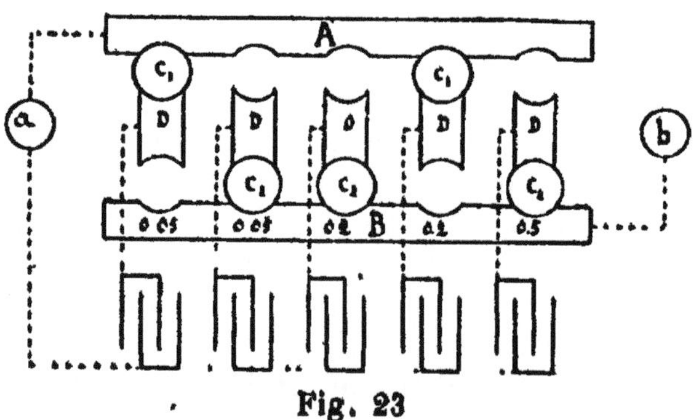

Fig. 23

truit d'après le schéma figure 23. Des capacités, de valeur indiquées sur la bande métallique B, ont une armature reliée à la bande A et à la borne *a*, et l'autre armature reliée à des bandes séparées D, D, D. En mettant une des chevilles c_1 entre la bande A et la bande D, on ferme la capacité sur elle-même; en mettant la cheville c_2 entre D et B, on relie à la borne *b* la deuxième armature du condensateur correspondant. On dispose donc entre les deux bornes *b* d'une capacité égale à la somme des nombres indiqués par les chevilles qui relient les plots intérieurs à la bande B.

La méthode de mesure est basée sur le fait qu'une capacité C, chargée par une force électromotrice E, contient une charge électrique $q = CE$. On mesure q en déchargeant C sur un galvanomètre balistique, dont la déviation θ est reliée à la charge électrique instantanée qu'il reçoit par la formule :

$$q = K \delta \sin \frac{\theta}{2} .$$

K est la *constante* du galvanomètre ; δ un coefficient d'amortissement égal à $\sqrt{\dfrac{d_1}{d_2}}$, d_1 et d_2 désignant deux valeurs successives de la déviation, observées pendant que le galvanomètre oscille par une cause quelconque.

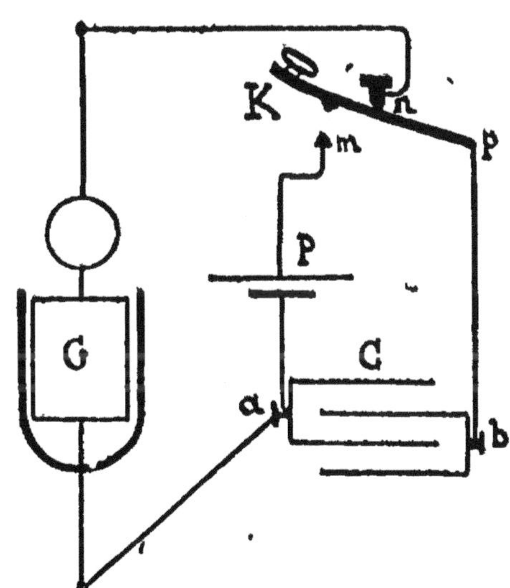

Fig. 24. — C, condensateur ; *a, b*, ses bornes ; G, galvanomètre balistique ; P, pile ; K, clef de Morse.

La charge et la décharge s'effectuent facilement par la clef de Morse représentée en K (fig. 24).

La manœuvre de la clef doit être faite aussi rapidement que possible pour éviter la pénétration des charges dans le diélectrique du condensateur.

93. On opère comme suit :

1° Placer en P la pile que l'on sait avoir la f. e. m. la plus considérable, utiliser en C une fraction de microfarad telle que la déviation obtenue par la manœuvre de la clef de Morse soit aussi grande que possible ; noter cette élongation d, en déduire la déviation θ sachant que

$$d = \mathrm{L}\, tg\, 2\theta.$$

L représente la distance de l'échelle au miroir du galvanomètre ;

2° Ramener le galvanomètre au 0 en le fermant en court circuit sur le couvercle du microfarad ; il suffit pour cela de mettre momentanément des chevilles aux deux extrémités d'une même bande D (Ne pas laisser en place la cheville supplémentaire pour continuer l'expérience) ;

3° Substituer à la pile essayée toutes les piles en expérience successivement ; répéter le même essai avec la même valeur de la capacité pour chacune d'elles ; faire en particulier la détermination pour une pile étalon de f. e. m. connue (82) ;

4° Calculer les f e. m. des différentes piles en se servant de la valeur connue de la f. e. m. de la pile étalon, et utilisant le fait que le rapport de deux f. e m. E, E' dans les conditions expérimentales employées est donné par :

$$\frac{\mathrm{E}}{\mathrm{E}'} = \frac{q}{q'} = \frac{\sin \dfrac{\theta}{2}}{\sin \dfrac{\theta'}{2}}$$

θ, θ', étant les déviations galvanométriques correspondantes ;

5° Dériver sur la pile Leclanché un circuit de faible résistance (5 ohms par exemple) ; interrompre le courant de 2 en 2 minutes pour déterminer la f. e. m Cesser l'expérience lorsqu'elle ne varie plus et construire la courbe qui la représente en fonction du temps (*courbe de polarisation*, E pour ordonnées, t en minutes pour abscisses).

Disposition des résultats :

$$C = \qquad\qquad L =$$

Nom des piles	d	θ	E volts

Courbe de polarisation :

Temps (minutes)	d	θ	E

94. Comparaison des capacités.

— Une pile quelconque étant placée dans le circuit en P, on compare les déviations obtenues θ, θ_1, en mettant successivement en C la capacité inconnue x et une fraction connue de microfarad c.

On a :

$$\frac{x}{c} = \frac{\sin \dfrac{\theta}{2}}{\sin \dfrac{\theta_1}{2}}$$

Disposition des résultats :

$$L =$$

Nature de la capacité	d	θ	

95. Détermination de la constante du balistique.

— En chargeant une fraction connue du microfarad avec la pile étalon, on connaît la quantité d'électricité en jeu,

$$q = CE.$$

L'observation de la déviation permet de calculer la constante K du galvanomètre.

Mettre en P la pile étalon, et une fraction de microfarad susceptible de donner une élongation aussi grande que possible, d_1 ; laisser osciller le galvanomètre en notant l'élongation d_2 qui suit immédiatement la première observée.

Le coefficient d'amortissement est $\delta = \sqrt{\dfrac{d_1}{d_2}}$ et on calcule K par la formule :

$$K = \frac{CE}{\sin\dfrac{\theta_1}{2} \times \sqrt{\dfrac{d_1}{d_2}}}$$

θ_1 étant lié a l'élongation d_1 lue sur l'échelle par la formule :

$$\operatorname{tg} 2\theta_1 = \frac{d_1}{L}$$

Disposition des résultats :

$$C = \text{(microfarads)} \quad E = \text{(volts)} \quad L =$$

q	d_1	d_2	θ_1	K (microcoulombs)

CHAPITRE III

OPTIQUE ET RADIATIONS

INDICE DE RÉFRACTION

96. — L'indice de réfraction est déterminé par des observations faites au goniomètre sur la substance taillée en forme de prisme. On détermine d'abord l'angle dièdre A formé par les faces limitant l'angle de réfringence, puis la *déviation minima* D, imprimée à un rayon lumineux homogène qui *traverse* ce dièdre. L'indice n de la substance est relié à ces quantités par la formule :

$$ n = \frac{\sin \dfrac{A + D}{2}}{\sin \dfrac{A}{2}} $$

97. Réglage et emploi du goniomètre. — Ces déterminations se font à l'aide d'un *goniomètre* qui consiste essentiellement en un cercle horizontal gradué sur lequel se déplacent une lunette viseur et un collimateur constitué par une fente placée au foyer d'une lentille ; en éclairant cette fente avec une source de lumière, les rayons lumineux sortent par la lentille en faisceau parallèle. Au centre du cercle une plate-forme peut recevoir un mouvement de rotation, entraînant une alidade munie d'un vernier.

La lunette viseur est également solidaire d'un vernier.

On peut ainsi repérer là position de la lunette ou de la plate-forme sur la graduation du cercle.

Avant de procéder aux mesures angulaires, il faut régler le goniomètre.

On enlève la lunette ; on déplace *l'oculaire* de façon à mettre très exactement au point les fils croisés du *réticule* ; on vise ensuite un objet très éloigné qu'on met exactement au point en tirant le tube moyen qui porte à la fois le réticule et l'oculaire.

On remet la lunette en place sur l'instrument ; on vise directement la lumière qui sort du collimateur dont la fente est éclairée par la lumière jaune d'un brûleur à sodium ; on fait glisser le tube qui porte *la fente* dans le corps du collimateur jusqu'à ce que l'image vue dans la lunette ait un aspect absolument net ; l'appareil est alors réglé.

98. Mesure de l'angle dièdre. 1re Méthode. —
Le prisme *Omn* est placé sur la plate-forme du goniomètre, l'arête de l'angle dièdre à mesurer étant normale et passant par le centre du cercle en O (fig. 25).

La lumière issue du collimateur suivant AO tombe à la fois sur les deux faces du prisme Om, On.

Avec la lunette on pointe successivement les deux directions réfléchies OC, OD. La différence entre les deux lectures faites sur le cercle goniométrique pour les positions successives

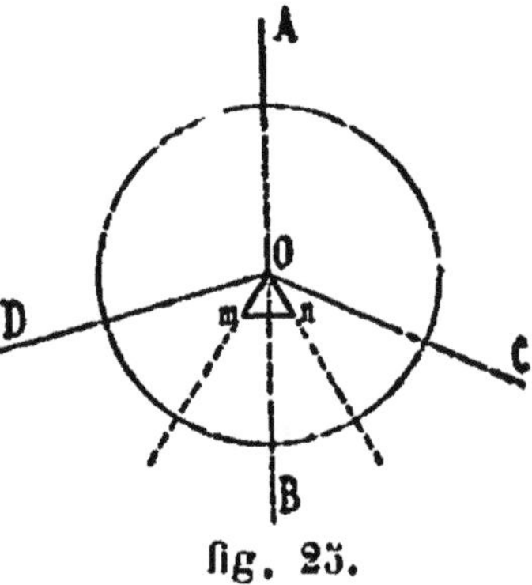

fig. 25.

de l'alidade entraînée par la lunette, donne la valeur de l'angle COD, qui est visiblement *le double* de la valeur A du dièdre *mOn*

99. 2e Méthode. — Le prisme étant placé sur la plate-forme de façon à ce que l'une des faces Om soit normale au plan du cercle et passe à peu près par l'axe de l'instrument (*le centrage exact n'est pas nécessaire*), fixer la lunette dans une direction quelconque OC, recevant la lumière du collimateur issue suivant A O et réfléchie sur la face Om. (fig. 26). On lit la graduation du cercle correspondant au 0 de l'alidade qui commande la rotation de la plate-forme.

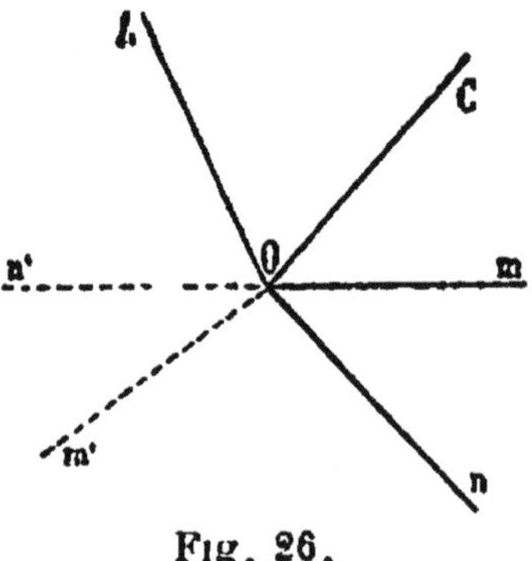

Fig. 26.

Sans toucher à la lunette, ni au collimateur, on fait tourner la plate-forme en entraînant l'alidade qui la commande, jusqu'à ce que la face O*n* ait pris une position O*n'* parallèle à la direction primitivement occupée par O*m*.

On reconnaît le fait à ce que la réflexion, sur la face O*n*, de la lumière issue du collimateur donne un rayon dans la lunette exactement dans la direction primitive (l'image de la fente du collimateur réapparaissant sur la croisée des fils du réticule). On lit la graduation correspondant au 0 de l'alidade de la plate-forme.

La différence entre les deux lectures mesure l'angle de rotation du prisme, c'est-à-dire l'angle *m*O*m'* (ou *n*O*n'*) dont la valeur est *supplémentaire* de l'angle dièdre cherché, soit 180° — A.

100. Détermination de la déviation minima. — 1° Placer le prisme sur la plate-forme, de façon que la lumière issue du collimateur tombe largement sur une des faces du dièdre réfringent; s'assurer, en regardant avec l'œil, que la lumière sort par l'autre face dans une direction inclinée sur la direction incidente (du côté de la base du prisme); pointer avec la lunette le rayon émergent ; tourner la plate-forme de façon à *diminuer la déviation du rayon émergent autant que cela est possible*, en suivant toujours le rayon avec la lunette ; pointer exactement la lunette sur le rayon réfracté lorsqu'il est ainsi fixé à son *minimum de déviation*, faire la lecture correspondant au 0 de l'alidade de la lunette sur le cercle gradué.

2° Tourner alors le prisme en sens inverse sur la plate-forme, de façon à ce que le rayon incident, dévié toujours vers la base du prisme après réfraction, sorte dans une direction symétrique de celle de la première observation par rapport à la lumière incidente; répéter les opérations effectuées dans la première position pour pointer le rayon émergent lorsqu'il est au *minimum de déviation* ; faire la lecture sur le cercle gradué.

3° La différence des lectures faites pour ces deux positions de rayon réfracté donne le double de la déviation minima D.

Appliquer ensuite la formule pour calculer *n* ; déterminer l'ordre d'approximation de la mesure.

101. Observations. — S'assurer, avant de faire les lectures, du mode de division du cercle et de la subdivision du vernier. Généralement sur un cercle de 35 centimètres de diamètre, les verniers permettront de lire la minute.

Répéter les observations pour connaître l'approximation des pointés.

Régler la largeur de la fente pour en voir des images fines, mais sans excès ; il y a avantage à pointer une ligne bien nette et franchement éclairée, plutôt qu'à faire effort pour distinguer une ligne très fine et trop peu lumineuse.

SYSTÈMES OPTIQUES

102. — Sur un banc portant une division en millimètres, on peut faire glisser des supports sur lesquels sont fixés un écran, une source lumineuse, et le système optique étudié (miroir ou lentille). La source lumineuse sera une flamme, ou mieux une mire constituée par deux petites ouvertures, ou deux fils croisés dans une fenêtre rectangulaire éclairée par la flamme. Les supports sont pourvus de repères permettant de connaître la distance qui sépare les différentes parties du dispositif.

103. Etude d'un miroir concave. — 1° Vérifier qualitativement les relations de grandeur et de position entre l'image et l'objet.

2° Déterminer le rayon de courbure : chercher la position pour laquelle l'image de la mire se forme très nette dans son propre plan (en élevant convenablement la mire, on peut recevoir son image légèrement en dessous et juger très commodément de sa netteté). La distance du miroir à l'écran est alors égale au rayon R ; la longueur focale du miroir est $\dfrac{R}{2}$.

3° Vérifier la relation de Newton $\pi\pi' = f^2$; placer pour cela la mire en un point quelconque (distance plus grande que R) ; placer l'écran de façon à ce que l'image s'y forme nette. Mesurer les distances entre le miroir et la mire $(\pi + f)$, entre le miroir et l'écran $(\pi' + f)$, et vérifier la relation.

104. Etude d'une lentille convergente. — 1° Vérifier qualitativement les relations de position et de grandeur entre l'image et l'objet.

2° *Détermination de la longueur focale* : déplacer la mire et l'écran symétriquement par rapport à la lentille (*distances égales*), jusqu'à ce que l'image de la mire soit nette sur l'écran ;

vérifier alors que les *dimensions* de l'image sont égales à celles de la mire. La distance entre la mire et l'écran mesure $4f$.

3° Exprimer f en mètres; calculer l'inverse $c = \dfrac{1}{f}$ qui mesure la *convergence* en *dioptries*.

105. Couplage de lentilles. — Plusieurs lentilles étant associées, les convergences s'ajoutent

Soit à déterminer par exemple la longueur focale φ et la divergence $\gamma = \dfrac{1}{\varphi}$ d'une lentille biconcave. On associe cette lentille avec deux lentilles convergentes dont on a déterminé les distances focales, et par suite les convergences c_1, c_2 (l'ensemble des trois lentilles sera arrangé en un groupe compact avec la moindre épaisseur possible). On mesure la distance focale F du système résultant qui doit être convergent si c_1 et c_2 ont été choisis assez grands; il en résulte une convergence $C = \dfrac{1}{F}$, qui est la somme des convergences; c'est-à-dire que $C = c_1 + c_2 - \gamma$.

On en déduit la valeur cherchée :

$$\gamma = C - c_1 - c_2$$

et

$$\varphi = \frac{1}{\gamma}.$$

MICROSCOPE

106. — L'instrument comporte une série d'objectifs et d'oculaires numérotés; les numéros les plus faibles correspondent aux plus faibles grossissements; comme accessoires on a en outre une chambre claire qui, ajustée par-dessus l'oculaire, permet de voir les objets placés latéralement en même temps que l'image vue à travers le microscope, et un micromètre objectif constitué par une division sur verre en centièmes de millimètre.

107. Étude des grossissements. — Chaque combinaison d'un objectif et d'un oculaire possède un grossissement caractéristique, *si on fixe une longueur de tirage* (le grossissement varie en effet presque proportionnellement à la longueur de l'instrument). On effectue généralement la détermination du grossissement avec le tirage minimum.

108. Emploi de la chambre claire. — Disposer la chambre claire de façon à pouvoir suivre, sur une feuille de papier placée latéralement, le déplacement de la pointe d'un crayon ; regarder en même temps, à travers le microscope, le micromètre objectif installé sur la platine de l'instrument.

Avec le crayon marquer sur la feuille de papier le point où apparaissent deux divisions de ce micromètre, assez éloignées dans le champ, et comprenant un nombre n de centièmes de millimètre. Mesurer ensuite, avec un double décimètre, sur la feuille de papier, le nombre N de millimètres qui séparent les points marqués. Le grossissement, pour la combinaison d'objectif et d'oculaire employé, est :

$$ G = \frac{N}{\dfrac{n}{100}} = \frac{100\,N}{n} . $$

Etudier ainsi les combinaisons de tous les objectifs dont on dispose avec les différents oculaires.

109. Emploi du micromètre oculaire. — Un des oculaires est généralement pourvu, à l'intérieur, d'une division micrométrique qu'on peut employer comme intermédiaire dans la détermination d'un grossissement. Chercher d'abord la valeur apparente d'une division de ce micromètre oculaire, en reportant, par exemple avec la chambre claire, les extrémités des 100 divisions sur une feuille de papier et mesurant la longueur L qu'elles comprennent ; $\dfrac{L}{100}$ représente la grandeur apparente d'une division oculaire.

Regarder ensuite avec un objectif le micromètre objectif ; on constate que M divisions oculaires couvrent exactement n divisions objectives, on en déduit que le grossissement a pour valeur :

$$ \frac{M \times L}{n} . $$

110. Vision binoculaire. — On peut s'habituer sans chambre claire à la mesure directe des grossissements ; il faut pour cela diriger la graduation du micromètre objectif parallèlement à la ligne des yeux ; on regarde dans le microscope avec l'un des yeux, et la feuille de papier placée latéralement avec l'autre œil ; l'exercice aidant, on arrive à superposer les deux impressions lumineuses, pour effectuer les opérations décrites à l'occasion de la chambre claire pour la détermination du grossissement.

111. Vérifications. — Ayant mesuré les grossissements de toutes les combinaisons d'objectifs et d'oculaires, on vérifiera que le rapport des grossissements de deux objectifs déterminés est constant quel que soit l'oculaire employé.

112. Mesure du diamètre d'un fil. — Employer l'oculaire avec micromètre, et un objectif convenable pour que le fil examiné occupe une largeur du champ aussi grande que possible ; soit D le nombre de divisions oculaires couvertes par le fil. Regarder ensuite le micromètre objectif et constater que les D divisions oculaires couvrent d divisions objectives. Le diamètre est d centièmes de millimètre.

113. Dessin d'un objet. — Employer la chambre claire pour dessiner sur une feuille de papier placée latéralement l'objet examiné à travers l'instrument ; le dessin étant terminé, remplacer sur la platine l'objet par le micromètre objectif, et reporter sur la feuille de papier quelques divisions de ce micromètre pour indiquer *l'échelle* du dessin.

114. Remarques. — La mise au point s'obtient en faisant d'abord glisser à la main le tube du microscope, puis en achevant de rendre la vision nette par le déplacement lent de la vis micrométrique placée sur le support.

Quand on observe avec de forts grossissements, il est quelquefois difficile de trouver *l'objet dans le champ* ; on cherche à le voir d'abord avec un objectif faiblement grossissant, on l'amène au centre du champ, et on remplace ensuite l'objectif qui grossit peu par l'objectif à court foyer qui donne le fort grossissement.

Quand on fait glisser à la main le microscope, avoir soin de manœuvrer assez lentement pour ne pas choquer l'objectif contre la préparation placée sur la platine du microscope.

ANNEAUX DE NEWTON

115. — Lorsqu'on regarde l'assemblage formé par une lentille convexe posée sur un plan de verre, on voit par réflexion le point de contact entouré de petits cercles alternativement sombres et brillants : c'est un phénomène d'interférence, connu sous le nom d'anneaux de Newton. Pour l'étudier commodément, la lentille est choisie de façon à présenter une courbure très faible vis-à-vis du plan de verre ; on éclaire le système par la lumière homogène d'un brûleur au sodium ; les anneaux se présentent ainsi suffisamment larges pour être vus facilement ; ils couvrent généralement toute la surface de l'appareil.

L'alternance des cercles obscurs et brillants provient de ce que, dans la lumière réfléchie, il y a superposition des mouvements ondulatoires renvoyés par la surface de la lentille, d'une part, et par la surface du plan de verre en regard, de l'autre ; ces deux surfaces sont séparées par une distance qui augmente quand on s'éloigne du point où la convexité de la lentille touche le plan de verre ; les mouvements ondulatoires superposés présentent donc une *différence de marche*, qui varie progressivement quand on s'éloigne du point de contact.

Quand cette différence de marche est un nombre impair de demi-longueurs d'onde il y a affaiblissement de l'amplitude résultante et apparence d'un cercle obscur ; quand la différence de marche est un nombre entier de longueurs d'onde il y a augmentation d'amplitude résultante et apparence d'un cercle brillant. Toutefois, au point de contact, il y a apparence d'anneau obscur, parce que la différence entre les deux surfaces réfléchissantes (air ou verre) introduit une différence de marche d'une demi-longueur d'onde.

116. Loi des diamètres. — L'appareil produisant des anneaux, réglé de façon à présenter une tache centrale noire, est disposé sur une platine entraînée par l'écrou mobile d'une machine à diviser. On regarde le phénomène avec un viseur fixe mis au point sur les cercles obscurs, le réticule de la lunette étant disposé de façon à ce qu'un fil soit parallèle à la direction de la vis de la machine et passe par le centre des anneaux.

Viser l'anneau obscur de rang n avec la lunette; déplacer le système d'anneaux en tournant la vis de la machine de façon à placer sur le fil du reticule l'anneau de rang $n - 1$; noter la distance entre ces deux anneaux (d'après la rotation imprimée à la vis); continuer ainsi en pointant successivement tous les anneaux de rang décroissant, puis, au delà du centre, les mêmes anneaux en suivant le rang croissant, jusqu'à ce qu'on ait retrouvé l'anneau de rang n.

Calculer, au moyen des intervalles notés, les diamètres correspondant aux anneaux des rangs successifs depuis 1 jusqu'à n.

Vérifier que les carrés de ces diamètres sont proportionnels aux nombres qui expriment leur rang.

Construire une courbe en portant en abscisses le demi-diamètre (à grande échelle) et en ordonnées le rang de l'anneau; la courbe résultante est un arc de parabole.

APPLICATION DES ANNEAUX DE NEWTON
DILATAMÈTRE DE LE CHATELIER

117. — Dans l'appareil producteur des anneaux de Newton, si on vient à éloigner progressivement la lentille du plan de verre, les anneaux qui correspondent à une différence de marche donnée traduisent cet éloignement en se resserrant et rentrant en quelque sorte dans la tache centrale; au contraire, un rapprochement de la lentille et du plan amènerait un élargissement progressif des anneaux.

On peut se servir de ce phénomène pour réaliser un dispositif sensible de mesure des faibles allongements : le remplacement en un point de l'espace d'un anneau par l'anneau voisin correspond à une variation de la différence de marche des mouvements ondulatoires égale à λ (soit 0 μ 589 en lumière jaune), et par suite à une variation de la distance entre les deux surfaces réfléchissantes, égale à $\dfrac{\lambda}{2}$, soit moins de 1/3 de micron.

Le dilatamètre de Le Chatelier est destiné à utiliser des observations de cette nature pour déterminer les coefficients de dilatation.

La substance est taillée en forme de prisme équilatéral maintenu par un support à trépied posé sur la face à faible

courbure de la lentille L (fig. 27), de sorte que la face inférieure
du prisme P est très voisine de celle de la lentille. Un brûleur
à sodium envoie de la lumière sur le système par l'intermédiaire d'un prisme à réflexion totale p_1 et on reçoit sur un
oculaire o les rayons réfléchis suivant Lp_1o. On voit dans
l'oculaire les anneaux de Newton produits entre le prisme P
et la lentille.

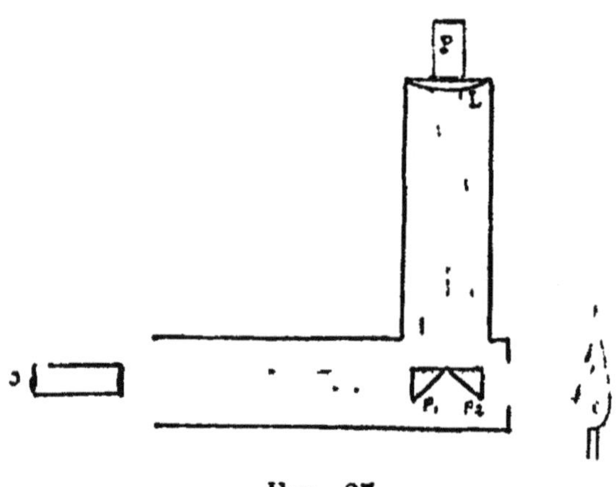

Fig. 27.

La branche de l'appareil où se trouve le prisme P est entourée d'un manchon dans lequel on fait circuler de la vapeur
d'eau qui fait monter graduellement la température depuis la
valeur ambiante t jusqu'à une valeur élevée t' marquée par
un thermomètre. En même temps, on voit les anneaux s'écar-
ter du centre, si le prisme P se dilate plus que son support, ou
s'en rapprocher, si la dilatation du prisme est plus faible que
celle du support. On compte le nombre d'anneaux ainsi
déplacés pendant l'échauffement (le chiffre n est estimé à 1/4
d'anneau); cela indique une variation de distance égale à
$n\,\dfrac{\lambda}{2}$ entre le prisme et la lentille.

Si x est le coefficient de dilatation du prisme, δ celui du
support, l'équation de l'expérience est :

$$\frac{n\lambda}{2} = (t' - t)(x - \delta)\,L,$$

en désignant par L la longueur utilisée du prisme ; la construction de l'appareil fait L = 2 cent.

On procède aux opérations suivantes :

1° Placer le support sur une glace de verre plan et fixer dans le support un prisme de quartz de façon à ce que la face inférieure repose également sur le plan de verre ; retourner le support en le tenant à la main et placer la lentille L par dessus, on voit à la lumière du jour des anneaux colorés entre le prisme et la lentille ; desserrer d'une fraction de tour les vis des pieds du support, ce qui éloigne un peu le prisme de la lentille ; les anneaux en lumière blanche disparaissent ; replacer la lentille sur le dilatomètre et mettre le support dessus dans le sens normal ; mettre l'oculaire o au point sur les anneaux produits en lumière jaune. Noter la température t ;

2° Introduire la vapeur dans le manchon extérieur et noter les apparitions, ou disparitions successives des anneaux ; noter en même temps l'heure de l'observation pour se mettre à l'abri d'une distraction qui pourra être signalée par l'étude du phénomène en fonction du temps ; arrêter l'expérience quand le système d'anneaux devient stationnaire et noter la température t' ;

3° Calculer la valeur de la dilatation du support δ, sachant que la dilatation du quartz est donnée par la formule :

$$x = [711,1 + 0,86\,(t + t')]\,10^{-8} ;$$

4° Recommencer la même suite d'opérations avec un prisme d'une autre substance à étudier ;

5° Calculer la dilatation x de la substance du prisme à partir de la dilatation δ du support calculée précédemment.

Déterminer l'approximation des mesures.

RÉSEAUX

118. — Un réseau est constitué en traçant avec une machine à diviser des traits parallèles sur une plaque de verre. Le nombre des traits est très considérable, 100 à 500 par millimètre.

La lumière qui tombe sur un tel système peut être reçue dans certaines directions inclinées sur la direction incidente, la déviation variant d'ailleurs avec la longueur d'onde comme cela se produit dans un prisme.

Le système de traits peut être envisagé comme créant sur la surface de verre des intervalles alternativement opaques et transparents (fig. 28); le mouvement lumineux tombant sur le plan du réseau continue à se propager dans la direction incidente; mais, dans une direction inclinée d'un angle α_1 sur celle-ci, il peut arriver que la différence de marche des mouvements envoyés par les points semblablement placés sur les intervalles transparents soit un multiple exact de la longueur d'onde λ : il y a dans ce cas concordance des mouvements envoyés et on voit la lumière dans cette direction; il en est de même pour d'autres direc-

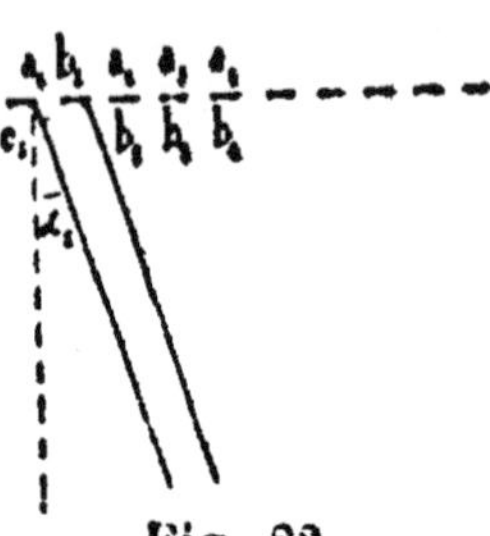

Fig. 28.

tions $\alpha_2, \alpha_3,\ldots$ plus inclinées, telles que la différence de marche pour les mêmes points sera doublée, triplée, etc., mais sera toujours en définitive un multiple exact de λ.

Si donc on fait tomber sur un réseau placé sur la plate-forme d'un goniomètre, de la lumière monochromatique issue d'un collimateur, et que l'on examine la lumière émergente au moyen d'une lunette, on pourra d'abord pointer une image de la fente brillante dans la direction même du rayon incident; puis, de part et d'autre de cette image, on en trouvera, en déplaçant la lunette sur le cercle goniométrique, un certain nombre d'autres, moins éclatantes, et à peu près équidistantes entre elles.

On les dénomme les *spectres* successifs; leur rang est compté à partir de l'image centrale non déviée de la fente.

La déviation α_n pour un spectre de rang n est minima quand le plan du réseau est également incliné sur le rayon incident et le rayon dévié. A ce moment on a, entre les éléments de construction du réseau, la déviation et la longueur d'onde, la relation :

$$\sin \frac{\alpha_n}{2} = \frac{n\,\lambda}{2(a+b)} \; ;$$

α_n, déviation minima du spectre de rang n ; λ, longueur d'onde; $(a+b)$, distance totale correspondant à un intervalle transparent et un intervalle obscur; autrement dit, intervalle entre deux traits successifs du réseau.

119. — L'observation du réseau se conduira de la façon suivante :

1° Régler la lunette, puis le collimateur du goniomètre;

2° Placer le réseau au centre de la plate-forme, perpendiculairement au cercle;

3° Viser le spectre le plus éloigné à gauche de l'image centrale, l'amener au minimum de déviation, et faire le pointé exact à ce moment ; noter la division du cercle qui caractérise la position de la lunette ;

4° Pointer les spectres successifs, en les amenant chaque fois à leur minimum de déviation par une rotation convenable de la plate-forme. On pointe ainsi, l'un à la suite de l'autre, les différents spectres *à gauche* depuis le rang *n* jusqu'à 1, puis, sans viser l'image centrale, on pointe les spectres de droite du rang 1 jusqu'au rang *n*.

On a ainsi fait 2 n pointés.

La différence des lectures faites pour les pointés de même rang à gauche et à droite de la direction incidente fait connaître le double de la déviation du spectre de ce rang.

5° Appliquer ensuite la formule donnée plus haut, pour calculer l'inconnue proposée qui peut être, soit λ, soit l'élément $(a + b)$

Noter, par la répétition des observations, l'approximation des mesures. On n'aura pour cela qu'à répéter la série des $2\,n$ pointés en revenant de droite à gauche, si on a opéré la première fois de gauche à droite.

BIRÉFRINGENCE ET POLARISATION CRISTALLINES

120. Définitions et phénomènes généraux. — Les cristaux sont caractérisés par des formes géométriques fondamentales dépendant de leurs éléments de symétrie. Les formes quadratique, rhomboédrique ont un axe de symétrie d'ordre supérieur à 2 et sont au point de vue optique des *cristaux à un axe.*

On appelle *section principale* d'une lame de ces cristaux, tout plan contenant un rayon lumineux et la direction de l'axe cristallographique.

A travers un cristal de spath épais les objets apparaissent *dédoublés.*

Si on regarde à travers un cristal de spath la lumière réfléchie sur une lame de verre, on reçoit deux rayons d'intensités inégales ; quand on fait tourner le cristal autour du rayon, l'une des images, dite *extraordinaire,* tourne autour de l'autre, dite *ordinaire.*

Quand la section principale du spath coïncide avec le plan

d'incidence sur le miroir, les intensités sont maxima pour l'image ordinaire, minima pour l'image extraordinaire; quand la section principale est perpendiculaire au plan d'incidence sur le miroir, l'ordre des intensités est renversé.

Le rayon lumineux réfléchi est dit *polarisé* dans le plan d'incidence. La lame réfléchissante est un *polariseur*; le cristal de spath sert d'*analyseur*. Tout analyseur peut être polariseur, et réciproquement En l'absence de réflexion préalable, les rayons dédoublés par un spath biréfringent et également intenses étant reçus sur un second cristal de spath, on voit quatre images d'intensités inégales; et on reconnaît que les rayons qui ont traversé les deux spaths suivant *le même état*, ordinaire ou extraordinaire, ont l'*intensité maxima* si les sections principales des deux cristaux sont parallèles; ils sont au contraire *éteints* quand les sections principales sont *rectangulaires*.

Les relations d'intensité et de position des sections principales se présentent en sens inverse pour les rayons qui ont traversé les deux cristaux en qualités différentes, ordinaire dans l'un, extraordinaire dans l'autre.

Un *nicol* est constitué par un prisme de spath, d'abord taillé diagonalement en deux parties, puis reformé par collage au baume de Canada (fig. 29). Ce dispositif amène la réflexion totale et la disparition du rayon ordinaire. Il ne donne qu'*un seul* rayon émergent *extraordinaire*, polarisé perpendiculairement à la section principale (plan de la petite diagonale du losange qui figure le nicol vu de face, fig 30).

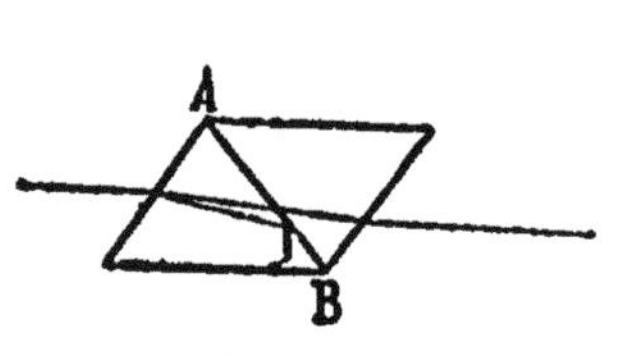

Fig. 29

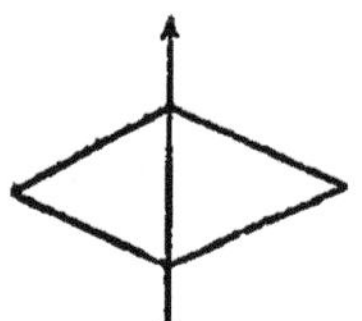

Fig. 30

Quand la lumière polarisée par un premier nicol en traverse un second, l'intensité émergente varie comme le carré du cosinus de l'angle que font entre elles les deux sections principales (*Loi de Malus*).

La *tourmaline* est un cristal qui *absorbe* le rayon ordinaire et ne laisse passer que le rayon extraordinaire (en le colorant d'ailleurs assez fortement). Une lame de tourmaline fonctionne donc comme un nicol.

L'explication des phénomènes de double réfraction et de polarisation réside dans la conception d'une surface d'onde lumineuse à double enveloppe pour les cristaux. Dans les cristaux à un axe, la surface d'onde est composée d'une sphère et d'un ellipsoïde de révolution autour de l'axe et tangent à la sphère au point où elle est coupée par l'axe. On appelle cristaux *positifs* ceux pour lesquels l'ellipsoïde est *intérieur* à la sphère (fig. 31), cristaux *négatifs* ceux pour lesquels l'ellipsoïde est *extérieur* (fig. 32).

D'autre part il faut se représenter que la propagation dans une direction quelconque ne se fait que si la vibration lumineuse, normale à la direction de propagation, est convenablement orientée autour de cette direction ; seules sont transmises, la vibration dirigée normalement au plan contenant l'axe et le rayon (section principale), et la vibration située dans ce plan même.

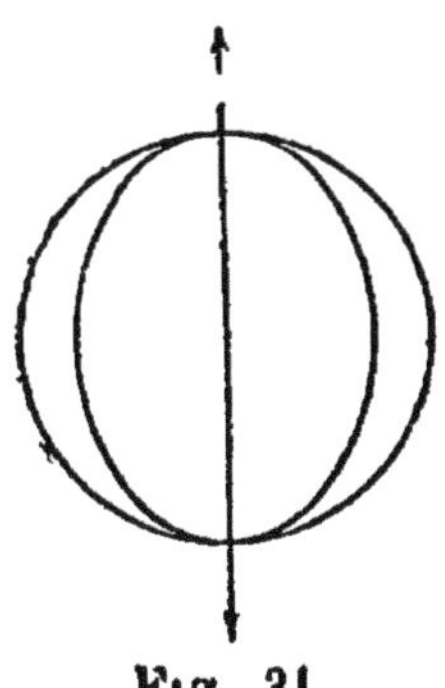

Fig. 31

Les modifications subies par la lumière dans la traversée des milieux biréfringents et polarisants s'expliqueront en décomposant la vibration lumineuse suivant les seules directions permises pour la transmission.

Les vibrations lumineuses dirigées perpendiculairement à l'axe cristallographique ne peuvent avoir d'orientation privilégiée, par raison de symétrie : ce sont les vibrations ordinaires ; les vibrations dirigées *dans* une section principale sont propagées également sans déformation, mais avec des vitesses dépendant de l'orientation du rayon dans cette section : ce sont les vibrations extraordinaires. D'après cela on admettra que *la direction de la vibration est normale au plan de polarisation.*

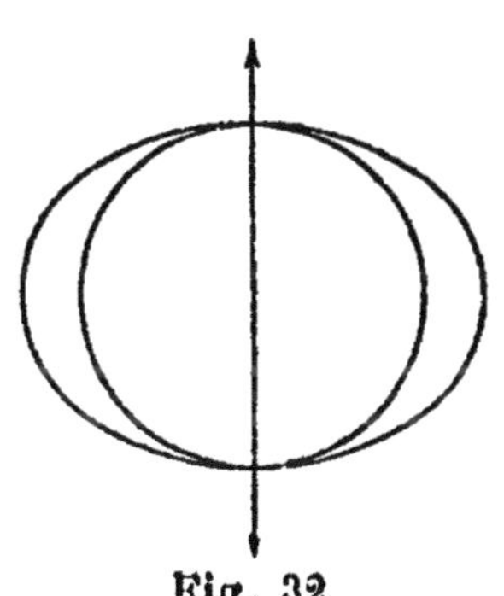

Fig. 32

Par exemple, le rayon émergent d'un nicol est polarisé perpendiculairement à sa section principale, et par suite la vibration est située dans la section principale.

121. Polarisation chromatique.— Lames minces parallèles à l'axe en lumière parallèle. — Dans la lumière émergeant d'une lame cristalline assez mince, les deux rayons ordinaire et extraordinaire ne sont pas séparés. Si la lumière incidente blanche est primitivement pola

risée, et si après la lame cristalline on place un analyseur, on observe des colorations résultant de phénomènes d'interférence. Les composantes des deux vibrations ordinaire et extraordinaire recueillies sur l'analyseur présentent une différence de marche variable avec l'épaisseur de la lame cristalline et avec la couleur. Il en résulte dans le faisceau émergent une prédominance des radiations qui sont le mieux en phase, tandis que les radiations pour lesquelles la différence de marche est proche d'une demi-onde (ou un nombre impair de demi-ondes) sont éteintes.

Ainsi un quartz de 1/20 de millimètre d'épaisseur placé entre deux nicols apparaît coloré en jaune orangé. Si la section principale du quartz est à 45° de celle du polariseur, les vibrations principales dans le quartz sont d'égale amplitude. Quand on fait tourner l'analyseur, on voit la coloration très vive lorsque la section principale de celui-ci est à 90° de celle du polariseur ; puis la couleur s'éclaircit et la teinte devient complémentaire quand la section principale de l'analyseur est parallèle à celle de la lame cristalline.

L'analyseur et le polariseur ayant leurs sections principales à 90°, si on fait tourner la lame, la coloration reste la même, mais en passant par le noir (extinction) toutes les fois que la section principale de la lame est dans l'une ou l'autre des sections de l'analyseur et du polariseur (c'est un procédé pour trouver la direction de l'axe dans une lame cristalline).

En lumière homogène on n'aurait que des apparences d'extinction partielle lors de la coïncidence des directions principales.

Les vibrations rectangulaires émergeant de la lame cristalline ayant une certaine différence de marche, on peut dire que le mouvement résultant est elliptique. Si la différence de marche introduite par la lame est une demi-longueur d'onde, cette lame est dite *demi-onde* ; la résultante des deux vibrations rectangulaires est encore rectiligne, mais symétrique de la vibration incidente par rapport à la section principale de la lame demi-onde.

Si la différence de marche introduite par la lame est un quart de longueur d'onde, on l'appelle lame *quart d'onde*, et elle donne, avec une lumière incidente polarisée à 45° de sa section principale, un faisceau émergent polarisé *circulairement* ; en lumière homogène, son intensité à travers le nicol analyseur reste constante.

122. Lames perpendiculaires à l'axe en lumière

convergente. — Les rayons obliques qui traversent ces lames peuvent être envisagés comme rayons traversant une lame parallèle d'épaisseur croissant avec l'obliquité. Le phénomène résultant, la lame étant entre deux nicols croisés, se compose d'une série de cercles colorés comme une suite de franges d'interférence ; en plus, une croix noire marque les directions des sections principales.

Cette apparence caractérise les cristaux à un axe (spath, tourmaline, etc.).

Si les sections principales de l'analyseur et du polariseur sont parallèles, on a des anneaux colorés dont les couleurs sont complémentaires des premières et une croix blanche

Si on interpose entre les nicols croisés, en plus du cristal observé, une lame de mica quart d'onde dont la section principale est à 45° des sections croisées, le système d'anneaux colorés est déformé d'une façon particulière à la situation des quadrants compris entre les sections de l'analyseur et du polariseur ; les anneaux s'écartent du centre dans deux quadrants opposés ; ils s'éloignent dans deux autres ; on voit une apparence de deux points noirs situés ou bien suivant la direction de l'axe du mica quart d'onde, ou bien perpendiculairement ; le premier cas indique que le cristal à un axe observé est négatif, et le second cas, positif.

123. — Lorsqu'on examine dans un faisceau convergent entre deux nicols croisés, un cristal appartenant à un système n'ayant que des axes de symétrie binaire (la lame étant taillée perpendiculairement à un de ces axes). on aperçoit un système de courbes colorées semblables à des lemniscates ; elles semblent résulter de la combinaison d'un double système de cercles centrés sur deux points plus ou moins éloignés. La croix s'est résolue en deux hyperboles qui passent par les centres. Ces apparences caractérisent les *cristaux à deux axes optiques* (aragonite, barytine, nitre, sucre, topaze, etc.)

124. Polarisation rotatoire. — *Cristaux de quartz perpendiculaires à l'axe en lumière parallèle.* — Entre deux nicols croisés, l'introduction d'une lame de quartz perpendiculaire à l'axe ramène la lumière ; si on observe en lumière homogène, on peut l'éteindre à nouveau en tournant l'analyseur ; il y a eu *rotation* du plan de polarisation On trouve deux espèces de quartz ; avec des lames d'égale épaisseur, l'angle de rotation du plan de polarisation est toujours le même ; mais, pour l'une de ces espèces, il faut compter cette rotation à *droite* (en regardant le faisceau lumineux) ; pour l'autre, il faut compter la rotation à *gauche*.

L'angle de rotation varie avec l'épaisseur de la lame, et avec la longueur d'onde de la lumière.

Quand on observe la lame de quartz entre deux nicols en lumière blanche, l'inégale rotation des différentes couleurs produit une *couleur résultante qui varie avec l'azimuth de la section principale du nicol analyseur*. Cet aspect distingue nettement cette observation de la coloration qu'on appelle polarisation chromatique produite par la traversée d'une lame mince parallèle à l'axe (121).

Le quartz perpendiculaire, examiné en lumière convergente entre les nicols croisés, montre bien des anneaux colorés comme tous les cristaux à un axe, mais la croix noire n'arrive pas jusqu'au centre ; et l'interposition d'une lame d'un quart d'onde par-dessus le quartz avec sa section principale à 45° amène un enroulement particulier des anneaux dans le sens de la rotation du plan de polarisation : cet enroulement constitue les *spirales d'Airy*.

125. Appareils pour l'observation des phénomènes. — Dans le laboratoire on trouvera divers appareils se prêtant à l'observation des phénomènes précédents, tous constitués sous la forme générale suivante :

Un polariseur P, constitué soit par une lame de verre réfléchissante, soit par un nicol ; une platine L supportant la lame cristalline précédée d'un système optique convergent *o″* qu'on interpose seulement pour l'observation en lumière convergente ; la lumière est reçue à travers un ensemble d'objectif et oculaire *oo′* pouvant former microscope à faible grossissement ; dans ce système est placé l'analyseur (nicol ou tourmaline).

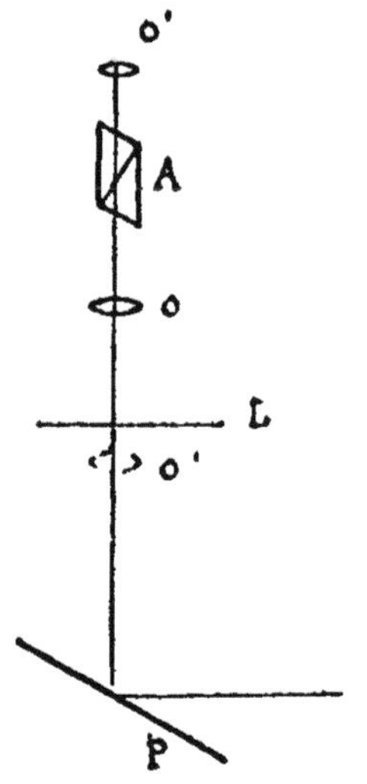

Fig. 33.

126. Appareil de Norremberg. — La lumière est polarisée par réflexion sur une lame de verre P ; mais on peut la renvoyer en sens inverse de la direction marquée sur la figure, sur un miroir argenté qui la fait ensuite remonter normalement pour suivre la direction indiquée. On peut alors placer la lame cristalline soit en L, soit sur un autre support placé au-dessous de P ; dans ce dernier cas, elle est traversée deux fois par la lumière polarisée et on peut ainsi observer l'influence d'une augmentation d'épaisseur.

On emploiera l'appareil à l observation successive des divers phénomènes décrits : double réfraction, polarisation, couleurs des lames minces (variable avec l'épaisseur, d'intensité maxima quand le polariseur et l'analyseur sont croisés et l'axe de la lame à 45°), anneaux avec croix pour le spath en lumière convergente, etc. (art. 120, 121, 122, 123).

127. Microscopes polarisants de Naudot et de Nachet. — Le microscope de Naudot à faible grossissement est exactement constitué comme l'indique la figure 33 ; le polariseur est un miroir P ; l'analyseur est un nicol dont la monture peut tourner et même se repérer sur une division circulaire fixe. Un intervalle est ménagé entre l'objectif *o* et le nicol analyseur pour y placer les lames supplémentaires, quart d'onde, demi-onde, etc.

Le microscope de Nachet est un microscope ordinaire qu'on emploie avec les objectifs usuels ; un nicol polariseur est interposé sous la platine avant le condenseur de lumière ; ce nicol peut tourner dans sa monture ; le condenseur est facilement mobile ; on l'enlève pour l'observation en lumière parallèle, on le met en place, en le montant au contact de la lame cristalline pour l'observation en lumière convergente ; le nicol analyseur peut s'enlever ou se placer facilement, mais est fixé dans sa direction ; la platine portant la lame et l'objectif du microscope tournent autour de l'axe optique et une division circulaire repère la position de la lame par rapport aux sections des nicols.

Une lentille supplémentaire (*lentille Bertrand*), placée à volonté entre le nicol et l'objectif, permet l'observation aisée des phénomènes en lumière convergente (la combinaison ordinaire d'objectif et d'oculaire donnant un champ beaucoup trop faible).

Ce microscope se prête très commodément aux études minéralogiques détaillées ; mais on pourra y observer, comme sur l'appareil de Norremberg, les divers phénomènes élémentaires indiqués aux articles 120 et suivants.

ÉTUDE D'UN RAYON POLARISÉ ELLIPTIQUEMENT.
RÉFLEXION MÉTALLIQUE.

128. — La lumière réfléchie par une surface métallique est polarisée, mais non pas rectilignement comme par une lame de verre (elle ne s'éteint pas complètement lorsqu'on la reçoit sur un analyseur). Si l'on prend une lumière incidente polarisée à 45° du plan d'incidence, la lumière réfléchie est polarisée elliptiquement. On peut supposer qu'il s'est établi, par le fait de la réflexion, une certaine différence de phase entre les deux composantes de la vibration incidente, prises parallèlement à la surface réfléchissante et dans le plan d'incidence ; ces composantes ont d'ailleurs changé d'intensité d'une façon inégale.

L'étude du rayon polarisé elliptiquement se fait avec le dispositif suivant. La lumière d'un brûleur au sodium passe à travers un nicol polariseur P (fig. 34), est réfléchie sur la lame métallique M, puis reçue sur un compensateur de Babinet C, et sur l'analyseur A.

Le polariseur et l'analyseur sont montés sur des bonnettes entraînées par une alidade permettant de lire les variations de position de leur section principale sur un cercle divisé normal aux rayons lumineux. Les supports de ces appareils se déplacent sur un cercle goniométrique ; au centre de celui-ci est une plate-forme mobile pour supporter le miroir, avec alidade permettant de repérer sa position sur le cercle goniométrique.

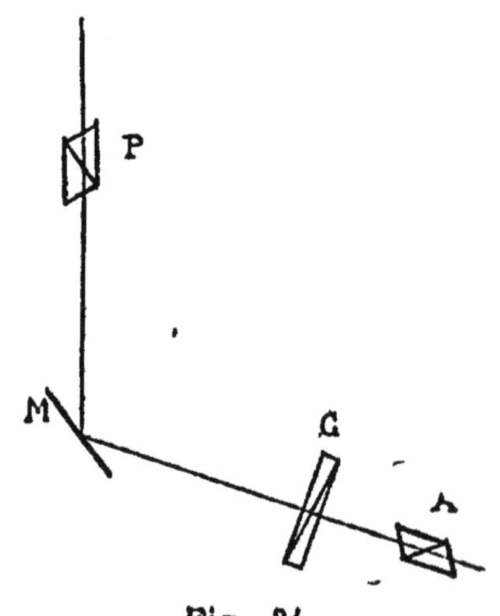

Fig. 34.

129. — Le compensateur de Babinet est composé de deux lames prismatiques de quartz parallèles à l'axe assemblées de façon à former une lame d'épaisseur totale constante ; mais les directions de l'axe cristallographique pour chacune de ces lames, quoique toujours normales aux rayons lumineux, sont rectangulaires, de sorte qu'une composante de vibration lumineuse qui traverse une lame avec la vitesse du rayon ordinaire traverse l'autre avec la vitesse du rayon extraordinaire.

La différence de phase introduite par ce compensateur entre deux vibrations rectangulaires dirigées suivant les axes cristallographiques dépend de la *différence des épaisseurs* tra-

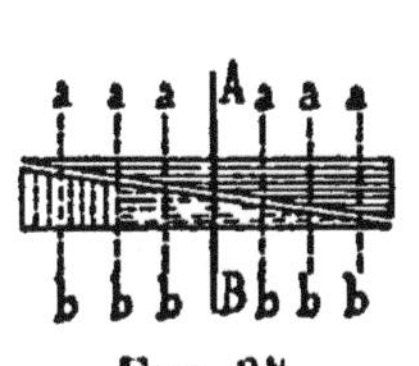

Fig. 35.

versées dans chacune des lames ; cette différence est nulle suivant AB où les épaisseurs sont égales, et on trouve de chaque côté de ce point des positions équidistantes pour lesquelles cette différence de phase sera successivement π, 2π, 3π, etc.

A ces valeurs successives correspondent, dans la lumière résultante émergeant de l'analyseur dont la section principale est située à 45° des directions d'axes du compensateur, une successionde maxima et minima, constituant de véritables franges d interférences

L'une des lames du compensateur peut être déplacée devant l'autre au moyen d'une vis micrométrique. Ce déplacement entraîne le système de franges d'interférence dont la position peut être repérée sur un fil fin et fixe placé sur la monture du compensateur.

Pour étudier la réflexion métallique, on opérera comme suit.

130. Réglage de l'appareil. — Le cercle goniométrique étant supposé horizontal, régler les nicols P et A, de façon à ce que leurs alidades marquent 0 quand leurs sections principales sont verticale pour l'un, horizontale pour l'autre. Pour cela :

1° Amener l'alidade du polariseur au 0 de son cercle d'orientation ;

2° Placer verticalement sur le support central une lame de verre ;

3° Examiner à l'œil la lumière réfléchie sous un angle d'environ 55°, tourner le nicol dans sa bonnette (sans faire tourner l'alidade), jusqu'à ce que le rayon réfléchi soit éteint. A ce moment, la section principale du polariseur coïncide avec le plan d incidence, c'est-à-dire est horizontale ;

4° Enlever le miroir de verre, regarder la lumière issue de P à travers l'analyseur A dont l'alidade est amenée au 0° de son cercle d'orientation (le compensateur n'est pas fixé à ce moment sur le tube de l'analyseur);

5° Tourner l'analyseur dans sa bonnette jusqu'à ce que le rayon émergent disparaisse ; à ce moment, la section principale de l'analyseur est croisée avec celle du polariseur, elle est *verticale* ;

6° Tourner les *alidades* du polariseur et de l'analyseur d'un angle de 45° et dans le même sens, de sorte que leurs directions principales restent rectangulaires.

131. Tarage du compensateur. — 1° Placer le compensateur sur le tube de l'analyseur en disposant ses directions principales suivant l'horizontale et la verticale (on place généralement la direction de la vis micrométrique horizontale) ; tourner la vis micrométrique de façon à voir une frange obscure sur le fil fixe servant de repère ;

2° Compter le nombre de tours et de fractions de tour qu'il faut faire avec la vis pour déplacer les franges jusqu'à ce que la frange obscure primitivement sur le repère soit remplacée par la frange obscure qui la suit immédiatement. Ce nombre L sera caractéristique d'une différence de phase égale à 2π.

132. Étude du rayon polarisé elliptiquement par réflexion métallique. — 1° Noter la position de l'analyseur sur le *cercle goniométrique* et le déplacer d'un certain angle θ (20° par exemple);

2° Placer verticalement sur la plate-forme la lame métallique réfléchissante, et tourner la plate-forme de façon à ce que la lumière soit reçue sur le système analyseur ; l'angle d'incidence $i = \dfrac{\pi - \theta}{2}$;

3° Dans l'analyseur on voit généralement que la frange noire primitivement en coïncidence avec le repère a été déplacée et n'est plus aussi noire ; tourner l'alidade de l'analyseur de façon à rendre cette frange aussi noire que possible ; noter l'angle α sur son cercle d'orientation ; tourner la vis micrométrique et compter le nombre de tours et de fractions de tour nécessaires pour ramener la frange noire sur le repère ; soit l ce nombre ;

4° Répéter les mêmes opérations en diminuant l'angle d'incidence (augmentant θ).

La différence de phase φ, introduite par la réflexion métallique, est estimée par le déplacement imprimé à la frange obscure vue à travers le compensateur ; d'après le tarage de l'instrument :

$$\varphi = 2\pi \times \frac{l}{L}.$$

Le fait que la frange est le plus noir possible lorsque la section principale de l'analyseur fait un angle α avec la verticale, montre que dans cette direction la section principale est perpendiculaire au grand axe de l'ellipse résultant de la composition des deux vibrations rectangulaires ; la tangente de l'angle α mesure donc le rapport entre la composante horizontale a et la composante verticale b.

$$\frac{a}{b} = \operatorname{tg} \alpha.$$

Construire deux courbes en prenant respectivement pour ordonnées les différences de phase φ, d'une part, le rapport $\frac{a}{b}$, de l'autre, et pour abscisses communes les angles d'incidence i.

Disposition des résultats :

$$L =$$

i	l	α	φ	$\frac{a}{b}$

POLARIMÈTRE D'ARAGO

133. — Cet appareil consiste essentiellement en une pile de glaces P (fig. 36), susceptible de dépolariser la lumière polarisée dans son plan d'incidence. On juge de la dépolarisation en regardant le rayon émergent après la traversée d'un quartz épais perpendiculaire à l'axe, Q, et d'un analyseur biréfringent A (prisme de spath). Tant que la lumière qui arrive sur le quartz est en partie polarisée, le pouvoir rotatoire de celui-ci fait qu'on voit à travers l'analyseur A 2 images colorées (couleurs complémentaires). La couleur disparaît lorsque le faisceau est totalement dépolarisé.

Le pouvoir dépolarisant de la pile de glaces varie avec son inclinaison sur la direction du rayon lumineux. Cette inclinaison se lit sur une alidade qui entraîne la pile de glaces et se déplace sur un demi-cercle gradué en degrés.

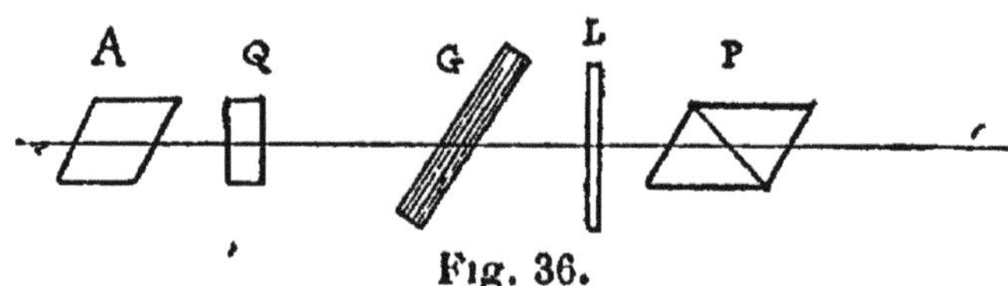

Fig. 36.

On construit une courbe de graduation de l'appareil faisant connaître la quantité de lumière dépolarisée, en fonction de l'inclinaison i de la pile de glaces.

Pour cela, on fait arriver un faisceau de lumière contenant une quantité de lumière polarisée calculable, en disposant devant l'appareil dirigé horizontalement, un nicol P et une lame mince de quartz parallèle à l'axe L ; on éclaire l'ensemble au moyen d'une lampe quelconque.

La lame L ayant sa section principale verticale, et celle du nicol étant inclinée d'un angle ω sur l'horizontale, les rayons ordinaire et extraordinaire, après la traversée de la lame, ont respectivement des intensités égales à $\cos^2\omega$ et $\sin^2\omega$, en prenant pour unité l'intensité incidente ; mais ces rayons ne sont pas séparés, et l'ensemble fonctionne comme un faisceau contenant seulement une quantité de lumière polarisée dans le plan vertical égale à $\cos^2\omega - \sin^2\omega = \cos 2\omega$ (ω est supposé inférieur à 45°).

134. — Voici le mode opératoire pour effectuer la graduation du polarimètre :

1° Placer le nicol dans son support, de façon que, sa section principale étant horizontale, l'index de la monture qui le fait tourner soit au 0 de la graduation du cercle dans lequel il tourne ; placer en avant la lame cristalline avec son axe cristallographique vertical ;

2° Donner à la pile de glaces une inclinaison i ; faire tourner la monture du nicol P jusqu'à ce que les images du polarimètre soient décolorées, soit α la lecture caractérisant la position du nicol ; obtenir le même résultat en ramenant le nicol au 0 et le faisant tourner d'un angle α' en sens inverse. La somme $\alpha + \alpha'$ mesure 2ω ;

3° Répéter les mêmes déterminations en variant l'inclinaison de la pile de glaces ;

4° Construire une courbe en prenant les valeurs de $\cos 2\omega$ comme ordonnées et les inclinaisons i de la pile de glaces comme abscisses.

Disposition des résultats :

i	α	α'	2ω	$\cos 2\omega$

SACCHARIMÈTRE LAURENT

135. — L'instrument est un polarimètre constitué par un nicol polariseur N_1, un nicol analyseur N_2, et dont la moitié du champ est couverte par une lame mince cristalline D (fig. 37), qui produit une différence de marche égale à une demi-longueur d'onde entre les vibrations transmises suivant les directions principales. Si la section principale de cette lame fait un très petit angle avec celle du nicol, la lumière émergeant de la lame est encore polarisée rectilignement, mais son plan de polarisation est le symétrique par rapport à la section principale du plan de polarisation primitif. Le nicol analyseur N_2 ne peut donc plus éteindre la lumière dans tout le champ. On règle l'appareil de façon à ce que les deux plages soient *également sombres* ; la position de la section principale de N_2 est ainsi exactement définie comme bissectrice des plans de polarisation de la lumière dans les deux parties du champ.

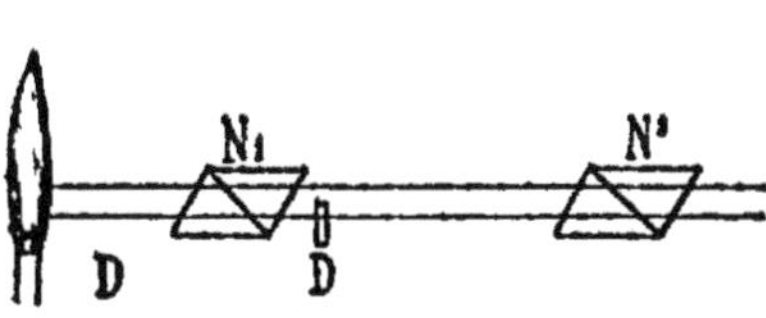

Fig. 37.

L'instrument s'emploie avec la lumière donnée par un brûleur au sodium ; il est très sensible pour la détermination des pouvoirs rotatoires et l'analyse des liqueurs sucrées. On intercale ces solutions dans des tubes de 20 centimètres de longueur placés entre les nicols.

On exécutera les opérations suivantes :

136. Réglage de l'appareil. — Le nicol analyseur peut tour r lorsqu'on l'entraîne par une alidade pourvue d'un vernie pour lire la graduation d'un cercle divisé. On peut également lui donner un petit déplacement dans sa bonnette sans faire tourner l'alidade.

1° Mettre entre les nicols un tube rempli d'eau distillée et mettre au point la ligne de séparation des deux plages semicirculaires qui constituent le champ éclairé ;

2° Mettre l'alidade de l'analyseur au 0° de la graduation ; régler le nicol *dans sa bonnette*, sans déplacer l'alidade, de façon que les deux plages soient également éclairées.

On ne touchera plus ensuite à ce réglage.

137. Pouvoir rotatoire du sucre de canne. — On appelle *pouvoir rotatoire* la rotation imprimée au plan de polarisation d'un rayon lumineux traversant 1 décimètre de solution contenant 1 gramme de substance par centimètre cube de solution.

La rotation α donnée par la traversée d'un tube de longeur l contenant une solution de p grammes de substance dans un volume v est :

$$\alpha = \rho \, \frac{p \times l}{v} \, .$$

1° Faire une solution de sucre contenant 17 gr. 1 de sucre pour 100 centimètres cubes d'eau (1/2 équivalent par litre) ; remplir le tube saccharimétrique dont la longueur est de 2 décimètres ; le placer entre les nicols, et tourner l'analyseur de façon à assombrir *également* les deux plages.

Soit α la rotation ; elle est équivalente à celle que donnerait une solution normale de sucre (1 équivalent par litre) sur une longueur de 1 décimètre ;

2° Calculer ρ par la formule citée plus haut.

Note.—La division du cercle gradué est faite en demi-degrés, et le vernier de l'alidade qui entraîne le nicol est au 1/10 ; on lit donc le 1/20 de degré ; chaque division du vernier sera comptée comme correspondant à 0° 05, et on exprimera les rotations et les pouvoirs rotatoires en *fractions décimales* de degré.

138. Détermination du poi s de sucre contenu dans une solution. — 1° Introdu e la solution dans un tube de 2 décimètres et chercher la p sition de l'alidade de

7

l'analyseur pour laquelle les plages sont redevenues également sombres ; soit α' l'angle correspondant à cette position ;

2° Calculer le poids p' de sucre contenu dans 1 centimètre cube de solution par la formule :

$$\alpha' = \rho \times p' \times l.$$

CHALEUR RAYONNANTE

139. — Le dispositif expérimental est schématiquement représenté par la fig. 38. Les faces du cube C rempli d'eau maintenue à l'ébullition sont recouvertes de substances différentes pour la comparaison des pouvoirs émissifs (noir de fumée, blanc de céruse, face polie ou dépolie).

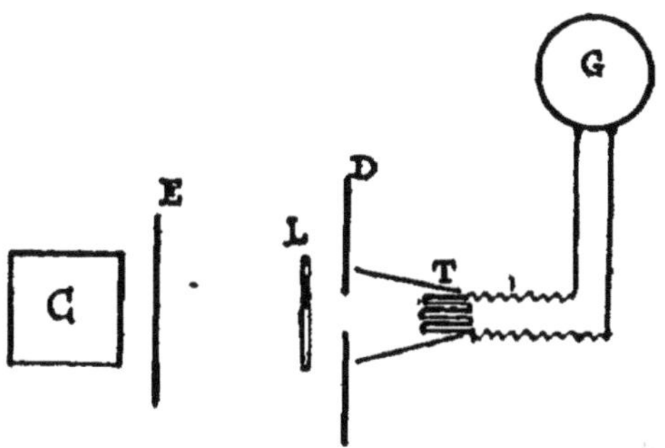

Fig 38. — C, source de chaleur (cube rempli d'eau bouillante) ; E, écran ; D, diaphragme ; T, pile thermo-électrique ; G, galvanomètre ; L, lame pour la transmission ou la réflexion.

Les quantités de chaleur reçues par la pile thermo-électrique sont considérées comme proportionnelles aux déviations galvanométriques lorsque l'équilibre est établi.

On procède aux déterminations suivantes :

140. Pouvoir émissif. — 1° Placer l'échelle du galvanomètre de façon que l'équilibre soit marqué sur le 0 de la graduation ;

2° La face noircie du cube faisant face à la pile thermo-électrique, abaisser l'écran E (il ne doit pas y avoir de lame interposée sur le chemin du faisceau calorifique) ; noter la déviation galvanométrique δ ;

3° Relever l'écran, laisser le galvanomètre revenir au 0 ;

recommencer la même expérience en utilisant le rayonnement d'une autre face du cube ; soit δ_1 la déviation.

On prend le pouvoir émissif du noir de fumée pour unité ; celui de la face expérimentée est alors évalué par $\dfrac{\delta_1}{\delta}$;

4º Expérimenter avec les différentes faces du cube et calculer pour chacune d'elles le pouvoir émissif.

141. Pouvoir absorbant. — 1º Évaluer le rayonnement de la face noircie en opérant comme précédemment ; soit δ la déviation ;

2º Relever l'écran E, laisser le galvanomètre revenir au 0 ; interposer une lame L de la substance à étudier ; abaisser l'écran ; noter la nouvelle déviation δ'_1 du galvanomètre ; la fraction transmise est $\dfrac{\delta'_1}{\delta}$; la fraction absorbée est $a = \dfrac{\delta - \delta'_1}{\delta}$; l'épaisseur de la lame étant e, rapporter l'absorption à l'unité de longueur traversée par la formule $a = \alpha^e$. Calculer la constante α ;

3º Déterminer de la même façon le pouvoir absorbant de différentes substances (verre, alun, sel gemme).

142. Pouvoir réflecteur. — 1º La pile thermo-électrique étant montée sur un bras mobile, avec un index se déplaçant sur une graduation circulaire, mesurer d'abord le rayonnement direct de la face noircie du cube ; soit δ la déviation du galvanomètre ;

2º Relever l'écran E ; mettre en place, centrée sur l'axe de rotation du bras mobile, la lame réfléchissante ; incliner cette lame d'un angle θ sur la direction primitive du faisceau, faire tourner le bras mobile d'un angle double $\left(\dfrac{\pi}{2} - \theta\right.$ représente l'incidence i du faisceau calorifique sur le miroir) ; abaisser l'écran, noter la déviation δ'' ; le pouvoir réflecteur sous l'incidence notée est $r = \dfrac{\delta''}{\delta}$;

3º Relever l'écran E, changer l'incidence et continuer la détermination des quantités de chaleur réfléchies pour les incidences décroissantes ;

4º Construire une courbe ayant pour ordonnées les pouvoirs réflecteurs, et pour abscisses les angles d'incidence.

Disposition des résultats :

Substance réfléchissante :

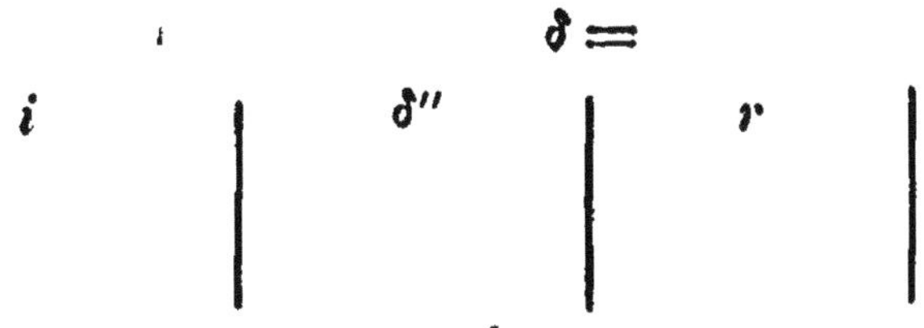

SPECTROSCOPE

143. — Le spectroscope comprend un collimateur donnant un faisceau de lumière parallèle qui passe à travers un système de prismes dispersifs, puis est reçu par une lunette mise au point sur l'infini ; la lunette voit en même temps, par réflexion dans une face du dernier prisme, une échelle divisée montée au foyer d'un objectif dans un tube supporté latéralement et éclairé par une petite lampe.

L'emploi du spectroscope comprend les exercices suivants.

144. Courbe de graduation en longueurs d'onde. — Les spectres lumineux vus à travers la lunette peuvent être repérés sur l'échelle divisée ; mais ce repérage dépend essentiellement de l'instrument employé ; il faut donc établir une courbe qui permettra de connaître la longueur d'onde correspondant à chaque division de l'échelle ; on y arrive en observant quelques raies de métaux dont la longueur d'onde est connue.

1º Mettre exactement au point la fente éclairée par un brûleur Bunsen qu'on rend un peu jaune en y portant un fil de platine trempé dans une solution de chlorure de sodium ; agir sur le tirage du tube portant l'échelle divisée pour mettre cette dernière exactement au point et la déplacer latéralement de façon que la division 50 coïncide avec l'image jaune de la fente ;

2º Introduire dans la flamme du Bunsen des solutions de sels des divers métaux (potassium, strontium, calcium, lithium), observer les apparences indiquées ci-dessous et noter les divisions correspondantes de l'échelle ;

3° Examiner également les raies provenant de l'étincelle donnée par une bobine de Ruhmkorff entre des lames de cuivre, de zinc, d'argent ; noter leur position sur l'échelle divisée ;

4° Examiner aussi les raies provenant d'un tube de Gessler contenant de l'hydrogène et excité par le secondaire de la bobine de Ruhmkorff ;

5° Construire la courbe en prenant pour abscisses les divisions de l'échelle observées et pour ordonnées les longueurs d'onde données dans le tableau suivant ; pour ces nombres, l'unité est le millionnième de millimètre.

145. —

Sodium . . . } raie jaune $\lambda = 589$

Potassium . {
rouge 768
violet 404,5
}

Strontium . {
rouge . . . . {
662,7
649,7
636,4
}
orangé . . . {
624,3
605,8
603,1
}
bleu 460,7
}

(une seule raie dans un spectre peu étalé).

Lithium . . | rouge 670,6

Zinc . . . . {
orangé . . . {
636,1
610,2
}
bleu . . . . . {
492,3
491
481,2
472,1
}
}

(une seule raie dans un spectre peu étalé).

Cuivre . . . {
jaune 570,6
vert . . . . {
521,8
515,3
510,0
}
bleu 465
}

$$\text{Argent} \ldots \left\{ \text{vert} \ldots \left\{ \begin{matrix} 547,2 \\ 546,5 \\ 520,9 \end{matrix} \right. \right\} \text{(une seule raie dans un spectre peu étalé).}$$

$$\text{Hydrogène} \ldots \left\{ \begin{matrix} \text{rouge} \ldots & 656,2 \\ \text{bleu} \ldots & 486,1 \\ \text{indigo} \ldots & 434 \end{matrix} \right.$$

La figure 39 donne la place apparente de ces diverses raies.

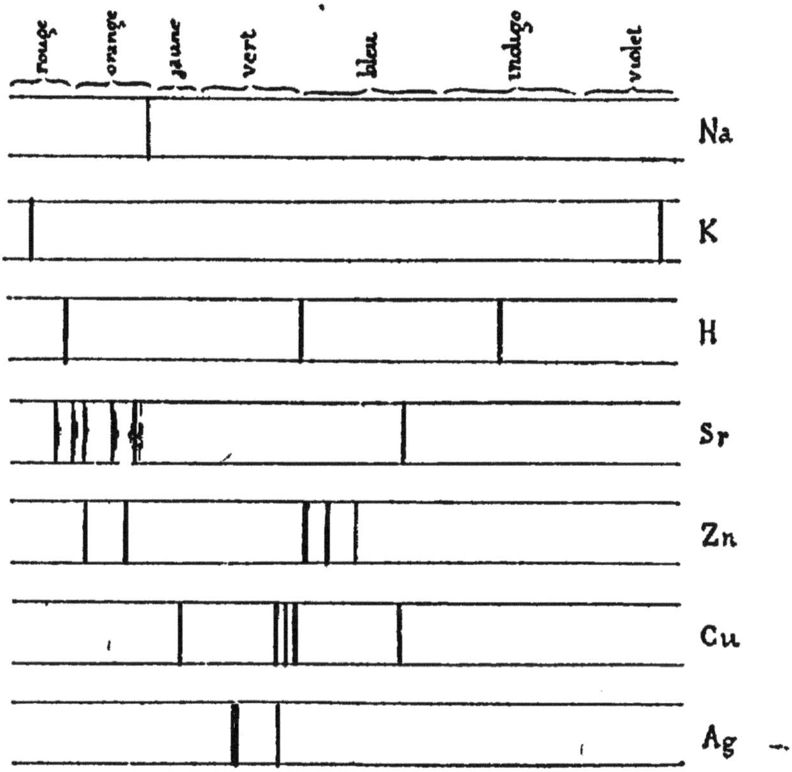

Fig. 39

On rangera les résultats observés dans un tableau ordonné par longueurs d'onde décroissantes.

λ	substance	divisions de l'échelle

146. Observation d'un spectre gazeux. — Le gaz est contenu raréfié dans un tube de Gessler qu'on excite par la bobine de Ruhmkorff.

1° Noter les différentes raies ou bandes observées dans la lunette et les divisions de l'échelle qui leur correspondent ;

2° Dessiner le spectre semblable à ceux de la figure 39, en inscrivant les chiffres de la graduation de l'échelle ;

3° Chercher sur la courbe de l'instrument la valeur des longueurs d'onde correspondant aux divisions de l'échelle caractéristiques des apparences observées ;

4° Inscrire ces longueurs d'onde au-dessus du dessin, ou mieux faire un autre dessin dans lequel on comptera la longueur proportionnellement aux longueurs d'onde ;

147. Analyse spectrale d'une solution saline. — 1° Mettre, avec un fil de platine, des gouttes de cette solution dans un brûleur Bunsen placé devant la fente du collimateur;

2° Dessiner le spectre observé, d'abord par rapport à l'échelle de l'instrument, puis en inscrivant les longueurs d'onde des diverses raies ou bandes déterminées d'après la courbe du spectroscope ;

3° Se référer à un formulaire de chimie pour déterminer les métaux qui ont pu fournir les groupements de raies ou de bandes observés.

TABLE DES MATIERES

——

TABLES DE CALCULS NUMÉRIQUES

I. — *Propriétés générales des logarithmes*

Logarithmes ordinaires ou décimaux. — Le logarithme d'un nombre (*log N*) est défini par la relation :

$$N = 10^{\log N}.$$

Les propriétés des logarithmes résultent facilement de cette définition :

Le logarithme de 1 est 0 : $1 = 10^0$.

Le logarithme de 10 est l'unité : $10 = 10^1$.

Le logarithme d'un produit est la somme des logarithmes des facteurs :

$$N \times N' = 10^{\log N} \times 10^{\log N'} = 10^{\log N + \log N'} =$$
$$= 10^{\log (N \times N')},$$

d'où : $\qquad \log (N \times N') = \log N + \log N'.$

Le logarithme d'une puissance d'un nombre est le produit du logarithme de ce nombre par l'exposant de la puissance :

$$N^p = (10^{\log N})^p = 10^{\log N \times p} = 10^{\log (N^p)}.$$

d'où : $\qquad \log N^p = \log N \times p.$

Le logarithme de l'inverse d'un nombre s'appelle le cologarithme du nombre ; sa valeur ajoutée au logarithme de N doit donner 0 puisque $N \times \dfrac{1}{N} = 1$.

L'emploi des cologarithmes permet de considérer tous les calculs comme des multiplications ou des formations de puissance.

L'expression :

$$x = \frac{a^3 \times \sqrt{b} \times c}{p^2 q},$$

se traduira en calcul logarithmique par la *somme* suivante :

$$\log x = 3 \log a + \frac{1}{2} \log b + \log c + 2 \operatorname{colog} p + \operatorname{colog} q.$$

Logarithmes naturels. — On a quelquefois occasion d'employer un système de logarithmes, dits naturels ou hyperboliques, dont l'équation de définition est : $N = e^{L.N}$; la quantité e a pour valeur approchée 2,718 ; on passe de la valeur du logarithme ordinaire ou décimal à celle du logarithme naturel en multipliant la première par le logarithme naturel de 10 qui est 2,3026 :

$$L. N = 2.3026 \times \log N.$$

I. — *Tables des logarithmes des nombres*

Les tables de logarithmes des nombres ne contiennent que la partie décimale du logarithme.

Voici les raisons qui justifient cet usage.

Le logarithme de l'unité est 0 ; les nombres inférieurs à 1 ont donc un logarithme négatif. Mais on a convenu de ne faire porter le signe — que sur la partie entière de la valeur du logarithme et de compter toujours positivement l'appoint décimal. Ainsi un logarithme dont la valeur réelle serait —1,5949 s'écrira sous la forme $\bar{2},4051$, qui littéralement signifie :

$$-2 + 0,4051 = -1,5949.$$

D'après cette convention, on peut énoncer la propriété suivante :

Aux nombres ayant mêmes figures et ne différant que par la position de la virgule marquant le rang de l'unité, correspondent des logarithmes qui ont la même partie décimale et ne diffèrent que par la partie entière.

On peut toujours ramener en effet le nombre considéré entre 1 et 10 en le multipliant par une puissance convenable de 10. La valeur du logarithme de ce nombre réduit est comprise entre 0 et 1. Pour retrouver le logarithme du nombre primitif, il faut ajouter à cette valeur décimale autant d'unités qu'il y en avait dans l'exposant de la puissance de 10 ayant servi à faire la réduction.

Ainsi :

$$245,6 = 2,456 \times 100 = 2,456 \times 10^2$$
$$\log 245,6 = \log 2,456 + \log 10^2,$$
$$= \log 2,456 + 2.$$

De même :

$$\log 0,0527 = \log 5,27 + \log 10^{-2} = \log 5,27 - 2.$$

Il en résulte que, pour exprimer le logarithme d'un nombre on n'a qu'à chercher dans les tables la partie décimale et à la faire précéder d'un nombre entier appelé caractéristique, déterminé par la règle suivante : *la caractéristique entière a pour valeur positive, si le nombre est supérieur à 1, le nombre, diminué d'une unité, des chiffres précédant la virgule ; ou pour valeur négative, si le nombre est inférieur à 1, le rang du premier chiffre significatif après la virgule.*

Les tables que l'on trouve plus loin servent à trouver avec 4 décimales les logarithmes des nombres limités aux quatre premiers chiffres significatifs.

Dans les tableaux sont inscrits les parties décimales des logarithmes de tous les nombres compris entre 100 et 1000. On lit ces nombres en double entrée ; les deux premiers chiffres significatifs étant indiqués en tête des lignes horizontales, le troisième en tête des colonnes verticales. La partie droite du tableau contient les parties proportionnelles des différences de ces logarithmes pour 1, 2, 3, 4 et 5 unités du quatrième rang de chiffres significatifs, ce qui permet d'écrire facilement les logarithmes pour toutes les figures de chiffres comprises entre 1 000 et 10.000

Voici en exemple quelques problèmes relatifs à l'emploi de ces tables.

1° *Chercher le logarithme d'un nombre donné.*

Cherchons le logarithme de 2342. Sur la ligne 23, dans la colonne 4, on lit 4048 ; dans la colonne 2 des différences, on lit 3 ; ajoutant 3 à 4048, on a 4051 pour exprimer la *partie décimale* du logarithme cherché ; la partie entière est exprimée par la règle donnée : c'est 3, dans le cas actuel.

Cherchons le logarithme de 6877 ; on lit, sur la ligne 68, à la colonne 8, le nombre 8376 ; c'est le logarithme de 6880 ; il faut en retrancher la différence correspondant à 3 unités qu'on trouve sur la même ligne à la colonne 3 des différences : soit 2 ; la partie décimale du logarithme cherché est 8376 — 2 = 8374.

2° *Chercher le nombre correspondant à un logarithme donné.*

Soit 2,6859 la valeur du logarithme d'un nombre à trouver. On cherche dans la table le nombre le plus rapproché de la partie décimale ; on trouve 6857 correspondant à la ligne 48 et à la colonne 5, soit au nombre 4850 ; il faut y ajouter la partie complémentaire augmentant de 2 le chiffre du logarithme ; dans les colonnes de différence, on trouve, sur la même ligne, 2 dans la colonne 2 : le nombre correspondant à la partie décimale indiquée a donc pour figure 4852 ; la caractéristique entière 2 indique que la valeur du nombre doit s'exprimer par 485,2.

Soit encore la valeur $\overline{3}$,8393 correspondant à un nombre à déterminer ; dans la table on trouve 8395 comme étant le plus rapproché de la partie décimale donnée ; cette valeur trop forte de deux unités correspond au nombre 6910 ; on retrouve les deux unités en excès dans la colonne 3 des différences ; la figure du nombre cherché sera donc 6910 — 3 = 6907 ; la valeur $\overline{3}$ de la caractéristique entière indique que la valeur véritable du nombre s'écrit 0,006907.

3° *Chercher le cologarithme d'un nombre.*

Soit à trouver par exemple le cologarithme de 68,77. On cherche comme plus haut la partie décimale du logarithme, soit 8374, et on l'affecte de la caractéristique nécessaire ; 1,8374 est la valeur de log 68,77.

Le cologarithme s'obtient en ajoutant une unité à la caractéristique entière et l'affectant du signe contraire, et en remplaçant les chiffres de la partie décimale par leur complément vis-à-vis de 9, sauf le dernier qu'on remplace par son complément vis-à-vis de 10.

Cette règle donne colog 68,77 = $\overline{2}$,1626. On vérifie facilement que c'est bien le nombre qui, ajouté à log 68,77 = 1,8374, donne 0 pour résultat.

Soit encore à trouver le colog de 0,02542. On a vu que la partie décimale du logarithme était 4051 ; le logarithme de 0,02542 a donc pour valeur $\overline{2}$,4051 ; la règle donnée pour écrire le cologarithme donne 1 pour caractéristique et 5949 pour partie décimale.

$$\text{colog } 0.02542 = 1,5949.$$

II. — *Tables des logarithmes des sinus et cosinus, des tangentes et cotangentes pour les arcs compris entre 0° et 90°*

Les cosinus et les cotangentes ayant la même valeur que les sinus ou les tangentes des arcs complémentaires, les mêmes tableaux donnent les indications simultanément pour les sinus et cosinus d'une part, pour les tangentes et cotangentes d'autre part.

Deux tableaux donnent d'abord de 2 en 2 minutes les logarithmes des sinus et tangentes d'arcs compris entre 0 et 12° (78° et 90° pour les cosinus et les cotangentes) ; l'indication des degrés est en tête des colonnes, et les minutes se lisent dans la première colonne en descendant, pour les sinus et tangentes ; on lit les degrés à la partie inférieure et les minutes à droite en remontant, pour les cosinus et les cotangentes.

De 12° à 90°, les tableaux donnent les logarithmes des lignes trigonométriques pour les arcs de 10 en 10 minutes, avec les valeurs des différences proportionnelles pour 1, 2, 3, 4 et 5 minutes.

On lit la dizaine de minutes en tête des colonnes, et le chiffre des degrés à gauche en descendant pour les sinus et les tangentes, à droite en remontant pour les cosinus et les cotangentes ; pour ces derniers, la dizaine de minutes est sur la dernière ligne au bas du tableau.

On peut toujours trouver le logarithme d'une ligne trigonométrique d'un arc donné à la minute près. Dans les tableaux qui concernent les douze premiers degrés, si l'arc donné n'est pas indiqué explicitement, il est compris entre deux nombres consécutifs et on prend la valeur moyenne de ces nombres.

Dans les tableaux qui vont de 12° à 90°, un arc étant donné, on cherche dans le tableau la valeur logarithmique correspondant à l'arc le plus voisin indiqué explicitement, et on ajoute ou retranche le nombre indiqué dans les colonnes des différences pour la partie complémentaire.

Par exemple, soit à chercher log sin 54° 28'.

On trouve log sin 54° 30' = $\overline{1},9107$, et, sur la même ligne, dans la colonne 2 des différences, on lit 2. Donc log sin 54° 28' = $\overline{1},9107 - 2 = \overline{1},9105$.

Il faut d'ailleurs tenir compte de ce que les cosinus et les cotangentes, et par suite leurs logarithmes, diminuent quand l'arc croît. Soit à chercher log cotg 63° 54'.

On trouve log cotg 63° 50' = $\overline{1}$, 6914 ; sur la même ligne, la colonne 4 des différences contient le nombre 13 ; ce nombre doit être retranché pour correspondre à l'accroissement de l'arc et on a log cotg 63° 54' = $\overline{1}$, 6914 — 13 = $\overline{1}$,6901.

Dans le tableau des log. tangentes, on n'a pas inscrit de valeur pour les différences proportionnelles après l'arc de 78°, parce que les variations de ces logarithmes deviennent beaucoup trop rapides pour être exprimées proportionnellement aux variations de l'arc.

III. — *Table des sinus et cosinus, tangentes et cotangentes des arcs compris entre 0° et 90°.*

Cette table contient les valeurs naturelles des lignes trigonométriques limitées à trois chiffres significatifs ; ces valeurs sont données de degré en degré dans les colonnes intitulées sinus, tangente ; on les lit en descendant pour ces deux lignes. Les cosinus et cotangentes se lisent en remontant, le degré complémentaire étant inscrit à droite des tableaux.

Des colonnes contiennent les différences proportionnelles correspondant à 10, 20, 30, 40 et 50 minutes d'arc. On peut ainsi employer ces tableaux pour les arcs comptés de 10 en 10 minutes, et même, en certains cas, à la minute près. Le mode d'emploi est tout à fait analogue à celui des tableaux des logarithmes des lignes trigonométriques.

Comme problème nouveau, proposons-nous de chercher l'arc correspondant à une tangente dont la valeur est 1,217. On trouve que la valeur la plus voisine inscrite dans la colonne des tangentes est 1,192 correspondant à l'arc de 50° ; les 25 millièmes complémentaires se décomposent, au moyen des différences proportionnelles inscrites sur la même ligne, en 22, correspondant à 30 minutes et 3, ou environ $\dfrac{29}{10}$, correspondant à $\dfrac{40}{10} = 4$ minutes.

L'arc cherché a donc pour valeur 50° 34 minutes.

Il n'y a pas de différences proportionnelles inscrites pour les tangentes au delà de 80°, parce que la variation de cette ligne est trop rapide pour être exprimée proportionnellement à la variation de l'arc.

IV. — *Table des inverses, carrés, cubes, racines carrées, racines cubiques, circonférences et cercles pour les nombres compris entre 1 et 10.*

Cette table n'a pas besoin d'être expliquée, sa construction est claire et son emploi facile à concevoir. Elle sert à des calculs de faible approximation. On y a inscrit les valeurs des quantités marquées en tête des colonnes pour les nombres compris entre 1 et 10 et variant par dixièmes : 1,1 ; 1,2 ; etc.

Un calcul numérique peut toujours être ramené à cette forme en mettant en facteur des puissances de 10 convenables.

Soit à calculer par exemple le diamètre d'un cercle équivalent à un carré donné :

$$\frac{\pi d^2}{4} = a^2.$$

On donne 25 millimètres comme valeur du côté du carré. On exprime le nombre 25 par $2,5 \times 10$; la table pour le carré de 2,5 donne la valeur 6.25 ; la valeur de a^2 est donc :

$$6,25 \times 10^2 = 625.$$

Pour trouver la valeur de d telle que $\frac{\pi d^2}{4} = 625$, il faut remarquer que, dans la colonne $\frac{\pi n^2}{4}$, les nombres varient entre 0,785 et 78,5 ; pour simplifier la recherche, on considérera le carré à obtenir 625 comme exprimé par $6,25 \times 100$.

On trouve dans la colonne $\frac{\pi n^2}{4}$ les nombres 6,16 et 6,60 comprenant le nombre donné et correspondant aux valeurs $n = 2,8$ et $n = 2,9$; approximativement, les 9 centièmes de différence entre 6,16 et 6,25 peuvent être évalués en différence proportionnelle avec la différence $6,60 - 6,16 = 44$ centièmes des nombres consécutifs du tableau, ce qui donne $\frac{9}{44}$ ou environ 2 unités de l'ordre décimal suivant à ajouter à 2,8 ; on peut donc considérer que la valeur 6,25 représente $\frac{\pi d^2}{4}$

pour un nombre $d = 2,82$; on en conclut que la valeur 625 exprime $\dfrac{\pi d^2}{4}$ pour le nombre $d = 28,2$ qui est la solution du problème posé.

Un cercle de 28 millimètres 2 de diamètre a donc même surface qu'un carré de 25 millimètres de côté.

Pour compléter ces tableaux, nous indiquons en outre ici quelques valeurs numériques de facteurs qui peuvent se présenter dans les calculs.

$\sqrt{10} = 3,16$.

$\sqrt[3]{10} = 2,15$.

$\sqrt[3]{100} = 4,64$.

$g = 980$ cm. 96 (à Paris).

1 degré = 0 radian 01745 (longueur d'arc dans la circonférence de rayon 1).

1 minute = 0 radian 000291.

1 seconde = 0 radian 0000053.

1 radian = 57°18.

1 degré = 1 grade 1111.

1 minute = 0 grade 01852.

1 seconde = 0 grade 000309.

1 grade = 0 degré 54 minutes = 3.240 secondes.

1 grade = 0 radian 01571.

1 radian = 63 grades 66.

V. — *Règle à calculs*

La règle à calculs de 20 ou 25 centimètres est extrêmement commode pour effectuer les calculs limités à trois chiffres significatifs ; elle comporte des indications très variées pour en permettre l'application à de nombreux problèmes. Nous ne voulons indiquer ici que le principe général de son emploi que l'on pourra suivre avec la planche ci-contre. On découpera la partie droite de la figure en suivant l'alignement vertical gauche des divisions, et cette portion, collée au besoin sur un carton plus fort, constituera la *règlette*.

La règle à calculs est en effet composée d'une règlette coulissant le long d'une règle ; règle et règlette portent la même graduation. Les chiffres de la graduation sont l'indication des nombres dont les logarithmes sont proportionnels à la distance

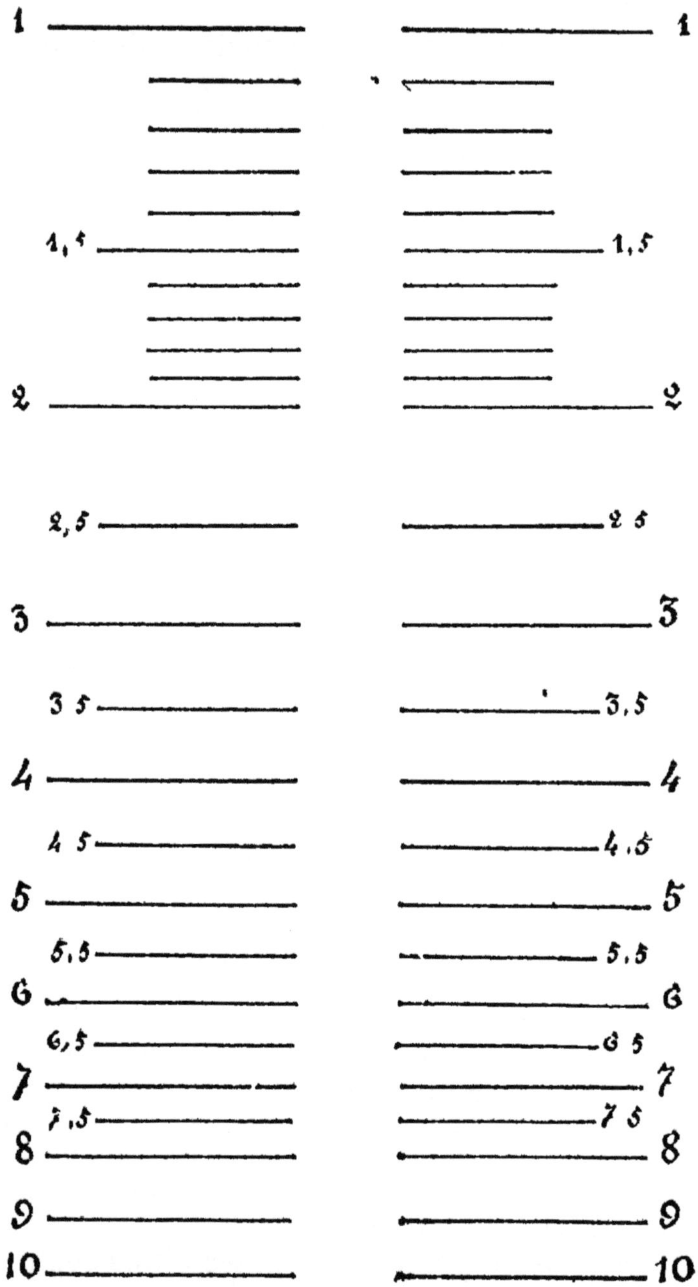

1   1

1,5   1,5

2   2

2,5   2,5

3   3

3,5   3,5

4   4

4,5   4,5

5   5

5,5   5,5

6   6

6,5   6,5

7   7

7,5   7,5

8   8

9   9

10   10

comprise entre le trait considéré et l'origine de la graduation. La longueur totale de la graduation, entre 1 et 10, étant supposée prise pour unité, la distance du premier trait au chiffre 2,5, par exemple, mesure précisément la partie décimale du logarithme de 2,5. L'emploi de la règle à calculs découle facilement de cette construction.

Si on veut multiplier 1,8 par 2,5, on amène une extrémité de la réglette mobile sur le chiffre 1,8 et on cherche sur la division de la règle le nombre correspondant à la division 2,5 de la réglette. C'est 4,5. Ce nombre correspond en effet à l'addition des distances correspondant aux logarithmes de 1,8 et de 2,5, c'est-à-dire au logarithme de $1,8 \times 2,5$. La lecture du résultat exige d'avoir déterminé mentalement au préalable son ordre de grandeur, la règle ne faisant connaître en quelque sorte que les chiffres significatifs ; l'opération indiquée donne aussi bien par exemple, le résultat des produits $18 \times 0,25$, $1,8 \times 250$, $0,018 \times 0,0025$, etc.

Mais dans chaque cas les chiffres significatifs lus au produit seront placés de façon à donner l'ordre de grandeur déterminé au préalable, soit 4,5, 450, 0,000045, etc., pour les produits considérés.

Sur l'opération indiquée, on peut remarquer que, le chiffre 2,5 de la réglette étant amené sous le chiffre 4,5 de la règle, l'extrémité de la réglette fait connaître sur la règle le quotient $\dfrac{4,5}{2,5} = 1,8$. On conçoit immédiatement la façon d'employer la règle à calculs pour effectuer les quotients.

Nous ne voulons pas insister plus longuement sur les détails très variés d'application de l'instrument. On les possède immédiatement quand on est accoutumé déjà au calcul par logarithmes.

D'ailleurs la règle à calculs ne peut suppléer les logarithmes numériques dès que l'on veut assurer l'exactitude de quatre chiffres significatifs au moins. L'appréciation des dixièmes de division sur la graduation de la règle permettrait bien dans quelques cas d'estimer le quatrième chiffre significatif, mais cela d'ailleurs aux dépens de la rapidité des calculs. Il n'en est pas moins certain que, pour la généralité des applications techniques, l'approximation de la règle à calculs est très suffisante.

LOGARITHMES DES NOMBRES

N	0	1	2	3	4	5	6	7	8	9	1	2	3	4	5
10	0000	0043	0086	0128	0170	0212	0253	0294	0334	0374	4	8	12	17	21
11	0414	0453	0492	0531	0569	0607	0645	0682	0719	0755	4	8	11	15	19
12	0792	0828	0864	0899	0934	0969	1004	1038	1072	1106	3	7	10	14	17
13	1139	1173	1206	1239	1271	1303	1335	1367	1399	1430	3	6	10	13	16
14	1461	1492	1523	1553	1584	1614	1644	1673	1703	1732	3	6	9	12	15
15	1761	1790	1818	1847	1875	1903	1931	1959	1987	2014	3	6	8	11	14
16	2041	2068	2095	2122	2148	2175	2201	2227	2253	2279	3	5	8	11	13
17	2304	2330	2355	2380	2405	2430	2455	2480	2504	2529	2	5	7	10	12
18	2553	2577	2601	2625	2648	2672	2695	2718	2742	2765	2	5	7	9	12
19	2788	2810	2833	2856	2878	2900	2923	2945	2967	2989	2	4	7	9	11
20	3010	3032	3054	3075	3096	3118	3139	3160	3181	3201	2	4	6	8	11
21	3222	3243	3263	3284	3304	3324	3345	3365	3385	3404	2	4	6	8	10
22	3424	3444	3464	3483	3502	3522	3541	3560	3579	3598	2	4	6	8	10
23	3617	3636	3655	3674	3692	3711	3729	3747	3766	3784	2	4	6	7	9
24	3802	3820	3838	3856	3874	3892	3909	3927	3945	3962	2	4	5	7	9
25	3979	3997	4014	4031	4048	4065	4082	4099	4116	4133	2	3	5	7	9
26	4150	4166	4183	4200	4216	4232	4249	4265	4281	4298	2	3	5	7	8
27	4314	4330	4346	4362	4378	4393	4409	4425	4440	4456	2	3	5	6	8
28	4472	4487	4502	4518	4533	4548	4564	4579	4594	4609	2	3	5	6	8
29	4624	4639	4654	4669	4683	4698	4713	4728	4742	4757	1	3	4	6	7
30	4771	4786	4800	4814	4829	4843	4857	4871	4886	4900	1	3	4	6	7
31	4914	4928	4942	4955	4969	4983	4997	5011	5024	5038	1	3	4	6	7
32	5051	5065	5079	5092	5105	5119	5132	5145	5159	5172	1	3	4	5	7
33	5185	5198	5211	5224	5237	5250	5263	5276	5289	5302	1	3	4	5	6
34	5315	5328	5340	5353	5366	5378	5391	5403	5416	5428	1	3	4	5	6
35	5441	5453	5465	5478	5490	5502	5514	5527	5539	5551	1	2	4	5	6
36	5563	5575	5587	5599	5611	5623	5635	5647	5658	5670	1	2	4	5	6
37	5682	5694	5705	5717	5729	5740	5752	5763	5775	5786	1	2	3	5	6
38	5798	5809	5821	5832	5843	5855	5866	5877	5888	5899	1	2	3	5	6
39	5911	5922	5933	5944	5955	5966	5977	5988	5999	6010	1	2	3	4	5
40	6021	6031	6042	6053	6064	6075	6085	6096	6107	6117	1	2	3	4	5
41	6128	6138	6149	6160	6170	6180	6191	6201	6212	6222	1	2	3	4	5
42	6232	6243	6253	6263	6274	6284	6294	6304	6314	6325	1	2	3	4	5
43	6335	6345	6355	6365	6375	6385	6395	6405	6415	6425	1	2	3-4		5
44	6435	6444	6454	6464	6474	6484	6493	6503	6513	6522	1	2	3	4	5
45	6532	6542	6551	6561	6571	6580	6590	6599	6609	6618	1	2	3	4	5
46	6628	6637	6646	6656	6665	6675	6684	6693	6702	6712	1	2	3	4	5
47	6721	6730	6739	6749	6758	6767	6776	6785	6794	6803	1	2	3	4	5
48	6812	6821	6830	6839	6848	6857	6866	6875	6884	6893	1	2	3	4	4
49	6902	6911	6920	6928	6937	6946	6955	6964	6972	6981	1	2	3	4	4
50	6990	6998	7007	7016	7024	7033	7042	7050	7059	7067	1	2	3	4	4
51	7076	7084	7093	7101	7110	7118	7126	7135	7143	7152	1	2	3	3	4
52	7160	7168	7177	7185	7193	7202	7210	7218	7226	7235	1	2	2	3	4
53	7243	7251	7259	7267	7275	7284	7292	7300	7308	7316	1	2	2	3	4
54	7324	7332	7340	7348	7356	7364	7372	7380	7388	7396	1	2	2	3	4

LOGARITHMES DES NOMBRES

N	O	1	2	3	4	5	6	7	8	9	1	2	3	4	5
55	7404	7412	7419	7427	7435	7443	7451	7459	7466	7474	1	2	2	3	4
56	7482	7490	7497	7505	7513	7520	7528	7536	7543	7551	1	2	2	3	4
57	7559	7566	7574	7582	7589	7597	7604	7612	7619	7627	1	2	2	3	4
58	7634	7642	7649	7657	7664	7672	7679	7686	7694	7701	1	1	2	3	4
59	7709	7716	7723	7731	7738	7745	7752	7760	7767	7774	1	1	2	3	4
60	7782	7789	7796	7803	7810	7818	7825	7832	7839	7846	1	1	2	3	4
61	7853	7860	7868	7875	7882	7889	7896	7903	7910	7917	1	1	2	3	4
62	7924	7931	7938	7945	7952	7959	7966	7973	7980	7987	1	1	2	3	3
63	7993	8000	8007	8014	8021	8028	8035	8041	8048	8055	1	1	2	3	3
64	8062	8069	8075	8082	8089	8096	8102	8109	8116	8122	1	1	2	3	3
65	8129	8136	8142	8149	8156	8162	8169	8176	8182	8189	1	1	2	3	3
66	8195	8202	8209	8215	8222	8228	8235	8241	8248	8254	1	1	2	3	3
67	8261	8267	8274	8280	8287	8293	8299	8306	8312	8319	1	1	2	3	3
68	8325	8331	8338	8344	8351	8357	8363	8370	8376	8382	1	1	2	3	3
69	8388	8395	8401	8407	8414	8420	8426	8432	8439	8445	1	1	2	2	3
70	8451	8457	8463	8470	8476	8482	8488	8494	8500	8506	1	1	2	2	3
71	8513	8519	8525	8531	8537	8543	8549	8555	8561	8567	1	1	2	2	3
72	8573	8579	8585	8591	8597	8603	8609	8615	8621	8627	1	1	2	2	3
73	8633	8639	8645	8651	8657	8663	8669	8675	8681	8686	1	1	2	2	3
74	8692	8698	8704	8710	8716	8722	8727	8733	8739	8745	1	1	2	2	3
75	8751	8756	8762	8768	8774	8779	8785	8791	8797	8802	1	1	2	2	3
76	8808	8814	8820	8825	8831	8837	8842	8848	8854	8859	1	1	2	2	3
77	8865	8871	8876	8882	8887	8893	8899	8904	8910	8915	1	1	2	2	3
78	8921	8927	8932	8938	8943	8949	8954	8960	8965	8971	1	1	2	2	3
79	8976	8982	8987	8993	8998	9004	9009	9015	9020	9025	1	1	2	2	3
80	9031	9036	9042	9047	9053	9058	9063	9069	9074	9079	1	1	2	2	3
81	9085	9090	9096	9101	9106	9112	9117	9122	9128	9133	1	1	2	2	3
82	9138	9143	9149	9154	9159	9165	9170	9175	9180	9186	1	1	2	2	3
83	9191	9196	9201	9206	9212	9217	9222	9227	9232	9238	1	1	2	2	3
84	9243	9248	9253	9258	9263	9269	9274	9279	9284	9289	1	1	2	2	3
85	9294	9299	9304	9309	9315	9320	9325	9330	9335	9340	1	1	2	2	3
86	9345	9350	9355	9360	9365	9370	9375	9380	9385	9390	1	1	2	2	3
87	9395	9400	9405	9410	9415	9420	9425	9430	9435	9440	0	1	1	2	2
88	9445	9450	9455	9460	9465	9469	9474	9479	9484	9489	0	1	1	2	2
89	9494	9499	9504	9509	9513	9518	9523	9528	9533	9538	0	1	1	2	2
90	9542	9547	9552	9557	9562	9566	9571	9576	9581	9586	0	1	1	2	2
91	9590	9595	9600	9605	9609	9614	9619	9624	9628	9633	0	1	1	2	2
92	9638	9643	9647	9652	9657	9661	9666	9671	9675	9680	0	1	1	2	2
93	9685	9689	9694	9699	9703	9708	9713	9717	9722	9727	0	1	1	2	2
94	9731	9736	9741	9745	9750	9754	9759	9763	9768	9773	0	1	1	2	2
95	9777	9782	9786	9791	9795	9800	9805	9809	9814	9818	0	1	1	2	2
96	9823	9827	9832	9836	9841	9845	9850	9854	9859	9863	0	1	1	2	2
97	9868	9872	9877	9881	9886	9890	9894	9899	9903	9908	0	1	1	2	2
98	9912	9917	9921	9926	9930	9934	9939	9943	9948	9952	0	1	1	2	2
99	9956	9961	9965	9969	9974	9978	9983	9987	9991	9996	0	1	1	2	2

LOGARITHMES DES SINUS DE 0° A 12°

′	0°	1°	2°	3°	4°	5°	6°	7°	8°	9°	10°	11°	′
2	$\bar{4},7645$	$\bar{2},2561$	$\bar{2},5500$	$\bar{2},7236$	$\bar{2},8672$	$\bar{2},9432$	$\bar{1},0216$	$\bar{1},0879$	$\bar{1},1453$	$\bar{1},1959$	$\bar{1},2411$	$\bar{1},2819$	58
4	$\bar{3},0658$	2699	5570	7283	8567	9460	0240	0900	1471	1975	2425	2832	56
6	2419	2832	5640	7330	8543	9489	0264	0920	1489	1991	2439	2845	54
8	3668	2962	5708	7377	8578	9517	0287	0940	1507	2007	2454	2858	52
10	4637	3088	5776	7423	8613	9545	0311	0961	1524	2022	2468	2870	50
12	5429	3210	5842	7468	8647	9573	0334	0981	1542	2038	2482	2883	48
14	6098	3329	5907	7513	8682	9600	0357	1001	1560	2053	2496	2896	46
16	6678	3445	5971	7557	8716	9628	0380	1021	1577	2069	2510	2909	44
18	7190	3558	6035	7601	8749	9655	0403	1040	1594	2084	2524	2921	42
20	7647	3668	6097	7645	8783	9682	0426	1060	1612	2100	2538	2934	40
22	8061	3775	6159	7688	8816	9709	0449	1079	1629	2115	2551	2947	38
24	8439	3880	6220	7731	8849	9736	0471	1099	1646	2131	2565	2959	36
26	8787	3982	6279	7773	8882	9763	0494	1118	1663	2146	2579	2972	34
28	9109	4082	6338	7815	8914	9789	0516	1138	1680	2161	2593	2984	32
30	9408	4179	6397	7857	8946	9816	0539	1157	1697	2176	2606	2997	30
32	9689	4275	6454	7898	8978	9842	0561	1176	1714	2191	2620	3009	28
34	9952	4368	6511	7939	9010	9868	0583	1195	1731	2206	2633	3021	26
36	$\bar{2},0200$	4459	6567	7979	9042	9894	0605	1214	1747	2221	2647	3034	24
38	0435	4549	6622	8019	9073	9919	0626	1233	1764	2236	2660	3046	22
40	0658	4637	6677	8058	9104	9945	0648	1252	1781	2251	2674	3058	20
42	0870	4723	6731	8098	9135	9970	0670	1271	1797	2266	2687	3070	18
44	1072	4807	6784	8137	9165	9996	0691	1289	1814	2280	2701	3083	16
46	1265	4890	6837	8175	9196	$\bar{1},0021$	0712	1308	1830	2295	2714	3095	14
48	1449	4971	6889	8213	9226	0046	0734	1326	1846	2310	2727	3107	12
50	1627	5050	6940	8251	9256	0070	0755	1345	1863	2324	2740	3119	10
52	1797	5129	6991	8289	9286	0095	0776	1363	1879	2339	2754	3131	8
54	1961	5205	7041	8326	9315	0120	0797	1381	1895	2353	2767	3143	6
56	2119	5281	7090	8363	9345	0144	0818	1399	1911	2368	2780	3155	4
58	2271	5355	7139	8400	9374	0168	0838	1418	1927	2382	2793	3167	2
60	2419	5428	7188	8436	9403	0192	0859	1436	1943	2397	2806	3179	0
′	89°	88°	87°	86°	85°	84°	83°	82°	81°	80°	79°	78°	′

LOGARITHMES DES COSINUS DE 78° A 90°

LOGARITHMES DES TANGENTES DE 0º A 12º

′	0°	1°	2°	3°	4°	5°	6°	7°	8°	9°	10°	11°	′
2	$\bar{4}$,7648	$\bar{2}$,2562	$\bar{2}$,5503	$\bar{2}$,7242	$\bar{2}$,8483	$\bar{2}$,9448	$\bar{1}$,0240	$\bar{1}$,0912	$\bar{1}$,1496	$\bar{1}$,2013	$\bar{1}$,2478	$\bar{1}$,2900	58
4	$\bar{3}$,0658	2700	5573	7290	8518	9477	0264	0933	1514	2030	2492	2913	56
6	2419	2833	5643	7337	8554	9506	0288	0954	1533	2046	2507	2927	54
8	3668	2963	5711	7383	8589	9534	0312	0974	1551	2062	2522	2940	52
10	4637	3089	5779	7429	8624	9563	0336	0995	1569	2078	2536	2953	50
12	5429	3211	5845	7475	8659	9591	0360	1015	1587	2094	2551	2967	48
14	6099	3330	5910	7520	8693	9619	0383	1035	1605	2110	2565	2980	46
16	6678	3446	5975	7564	8728	9646	0406	1055	1622	2126	2580	2993	44
18	7190	3559	6038	7609	8762	9674	0430	1076	1640	2142	2594	3006	42
20	7648	3669	6101	7652	8795	9701	0453	1096	1658	2158	2609	3019	40
22	8061	3776	6163	7696	8829	9728	0476	1115	1675	2174	2623	3033	38
24	8439	3881	6223	7739	8862	9756	0499	1135	1693	2189	2637	3046	36
26	8787	3983	6283	7781	8895	9782	0521	1155	1710	2205	2651	3059	34
28	9109	4083	6343	7823	8927	9809	0544	1175	1728	2220	2665	3072	32
30	9409	4181	6401	7865	8960	9836	0567	1194	1745	2236	2680	3085	30
32	9689	4276	6453	7906	8992	9862	0589	1214	1762	2252	2694	3097	28
34	9952	4370	6515	7947	9024	9888	0611	1233	1779	2267	2708	3110	26
36	$\bar{2}$ 0200	4461	6571	7987	9056	9914	0633	1252	1796	2282	2722	3123	24
38	0435	4551	6627	8028	9087	9940	0656	1272	1814	2298	2736	3136	22
40	0658	4638	6682	8067	9118	9966	0677	1291	1831	2313	2750	3149	20
42	0870	4724	6736	8107	9149	9992	0699	1310	1847	2328	2763	3162	18
44	1072	4809	6789	8146	9180	$\bar{1}$ 0017	0721	1329	1864	2343	2777	3174	16
46	1265	4892	6842	8185	9211	0043	0743	1348	1881	2359	2791	3187	14
48	1450	4973	6894	8223	9241	0068	0764	1367	1898	2374	2805	3200	12
50	1627	5053	6945	8261	9272	0093	0786	1385	1915	2389	2819	3212	10
52	1798	5131	6996	8299	9302	0118	0807	1404	1931	2404	2832	3225	8
54	1962	5208	7046	8336	9331	0143	0828	1423	1948	2419	2846	3237	6
56	2119	5283	7096	8373	9361	0167	0849	1441	1964	2433	2859	3250	4
58	2272	5358	7145	8410	9390	0192	0870	1460	1981	2448	2873	3262	2
60	2419	5431	7194	8446	9419	0216	0891	1478	1997	2463	2886	3275	0
′	89°	88°	87°	86°	85°	84°	83°	82°	81°	80°	79°	78°	′

LOGARITHMES DES COTANGENTES DE 78º A 90º

LOGARITHMES DES SINUS DE 12° A 51°

°	0′	10′	20′	30′	40′	50′	1′	2′	3′	4′	5′	°
12	$\overline{1}$,3179	$\overline{1}$,3238	$\overline{1}$,3296	1,3353	1,3410	$\overline{1}$,3466	6	11	17	23	29	77
13	3521	3575	3629	3682	3734	3786	5	11	16	21	27	76
14	3837	3887	3937	3986	4035	4082	5	10	15	20	25	75
15	4130	4177	4223	4269	4314	4359	5	9	14	18	23	74
16	4403	4447	4490	4533	4576	4618	4	9	13	17	22	73
17	4659	4700	4741	4781	4821	4861	4	8	12	16	20	72
18	4900	4938	4977	5015	5052	5090	4	8	11	15	19	71
19	5126	5163	5199	5235	5270	5306	4	7	11	14	18	70
20	5340	5375	5409	5443	5477	5510	3	7	10	14	17	69
21	5543	5576	5608	5641	5673	5704	3	6	10	13	16	68
22	5736	5767	5798	5828	5859	5889	3	6	9	12	15	67
23	5919	5948	5978	6007	6036	6065	3	6	9	12	15	66
24	6093	6121	6149	6177	6205	6232	3	6	8	11	14	65
25	6259	6286	6313	6340	6366	6392	3	5	8	11	14	64
26	6418	6444	6470	6495	6520	6546	2	5	8	10	13	63
27	6570	6595	6620	6644	6668	6692	2	5	7	10	12	62
28	6716	6740	6763	6787	6810	6833	2	5	7	9	12	61
29	6856	6878	6901	6923	6946	6968	2	4	7	9	11	60
30	6990	7011	7033	7055	7076	7097	2	4	7	9	11	59
31	7118	7139	7160	7181	7201	7222	2	4	6	8	10	58
32	7242	7262	7282	7302	7322	7342	2	4	6	8	10	57
33	7361	7380	7400	7419	7438	7457	2	4	6	8	10	56
34	7476	7494	7513	7531	7550	7568	2	4	5	7	9	55
35	7586	7604	7622	7639	7657	7675	2	4	5	7	9	54
36	7692	7709	7727	7744	7761	7778	2	3	5	7	8	53
37	7795	7811	7828	7844	7861	7877	2	3	5	6	8	52
38	7893	7909	7926	7941	7957	7973	2	3	5	6	8	51
39	7989	8004	8020	8035	8050	8066	2	3	4	6	8	50
40	8081	8096	8111	8125	8140	8155	1	3	4	6	7	49
41	8169	8184	8198	8213	8227	8241	1	3	4	6	7	48
42	8255	8269	8283	8297	8311	8324	1	3	4	6	7	47
43	8338	8351	8365	8378	8391	8405	1	3	4	6	7	46
44	8418	8431	8444	8457	8469	8482	1	3	4	5	6	45
45	8495	8507	8520	8532	8545	8557	1	2	4	5	6	44
46	8569	8581	8594	8606	8618	8629	1	2	4	5	6	43
47	8641	8653	8665	8676	8688	8699	1	2	4	5	6	42
48	8711	8722	8733	8745	8756	8767	1	2	3	4	6	41
49	8778	8789	8800	8810	8821	8832	1	2	3	4	5	40
50	8842	8853	8864	8874	8884	8895	1	2	3	4	5	39
°	60′	50′	40′	30′	20′	10′	1′	2′	3′	4′	5′	°

LOGARITHMES DES COSINUS DE 39° A 78°

LOGARITHMES DES SINUS DE 51° A 90°

°	0'	10'	20'	30'	40'	50'	1'	2'	3'	4'	5'	°
51	$\bar{1}$,8905	$\bar{1}$,8915	$\bar{1}$,8925	$\bar{1}$,8935	$\bar{1}$,8945	$\bar{1}$,8955	1	2	3	4	5	38
52	8965	8975	8985	8995	9004	9014	1	2	3	4	5	37
53	9023	9033	9042	9052	9061	9070	1	2	3	4	5	36
54	9080	9089	9098	9107	9116	9125	1	2	3	4	5	35
55	9134	9142	9151	9160	9169	9177	1	2	3	4	4	34
56	9186	9194	9203	9211	9219	9228	1	2	3	3	4	33
57	9236	9244	9252	9260	9268	9276	1	2	2	3	4	32
58	9284	9292	9300	9308	9315	9323	1	2	2	3	4	31
59	9331	9338	9346	9353	9361	9368	1	1	2	3	4	30
60	9375	9383	9390	9397	9404	9411	1	1	2	3	4	29
61	9418	9425	9432	9439	9446	9453	1	1	2	3	3	28
62	9459	9466	9473	9479	9486	9492	1	1	2	3	3	27
63	9499	9505	9512	9518	9524	9530	1	1	2	2	3	26
64	9537	9543	9549	9555	9561	9567	1	1	2	2	3	25
65	9573	9579	9584	9590	9596	9602	1	1	2	2	3	24
66	9607	9613	9618	9624	9629	9635	1	1	2	2	3	23
67	9640	9646	9651	9656	9661	9666	1	1	2	2	3	22
68	9672	9677	9682	9687	9692	9697	1	1	2	2	3	21
69	9701	9706	9711	9716	9721	9725	0	1	1	2	2	20
70	9730	9734	9739	9743	9748	9752	0	1	1	2	2	19
71	9757	9761	9765	9770	9774	9778	0	1	1	2	2	18
72	9782	9786	9790	9794	9798	9802	0	1	1	2	2	17
73	9806	9810	9814	9817	9821	9825	0	1	1	2	2	16
74	9828	9832	9836	9839	9843	9846	0	1	1	2	2	15
75	9849	9853	9856	9859	9863	9866	0	1	1	1	2	14
76	9869	9872	9875	9878	9881	9884	0	1	1	1	2	13
77	9887	9890	9893	9896	9899	9901	0	1	1	1	1	12
78	9904	9907	9909	9912	9914	9917	0	1	1	1	1	11
79	9919	9922	9924	9927	9929	9931	0	0	1	1	1	10
80	9933	9936	9938	9940	9942	9944	0	0	1	1	1	9
81	9946	9948	9950	9952	9954	9956	0	0	1	1	1	8
82	9957	9959	9961	9963	9964	9966	0	0	0	1	1	7
83	9967	9969	9970	9972	9973	9975	0	0	0	1	1	6
84	9976	9977	9979	9980	9981	9982	0	0	0	0	1	5
85	9983	9984	9986	9987	9988	9988	0	0	0	0	1	4
86	9989	9990	9991	9992	9993	9993	0	0	0	0	1	3
87	9994	9995	9995	9996	9996	9997	0	0	0	0	0	2
88	9997	9998	9998	9998	9999	9999	0	0	0	0	0	1
89	0,0000	0000	0000	0000	0000	0000	0	0	0	0	0	0
°	60'	50'	40'	30'	20'	10'	1'	2'	3'	4'	5'	°

LOGARITHMES DES COSINUS DE 0° A 39°

LOGARITHMES DES TANGENTES DE 12° A 51°

°	0'	10'	20'	30'	40'	50'	1'	2'	3'	4'	5'	°
12	1̄,3275	1̄,3336	1̄,3397	1̄,3458	1̄,3517	1̄,3576	6	12	18	24	30	77
13	1̄,3634	1̄,3691	1̄,3748	1̄,3803	1̄,3859	1̄,3914	6	11	17	22	28	76
14	1̄,3968	4021	4074	4127	4178	4230	5	10	16	21	26	75
15	4280	4331	4381	4430	4479	4527	5	10	15	20	25	74
16	4575	4622	4669	4716	4762	4808	5	9	14	19	23	73
17	4853	4898	4943	4987	5031	5075	4	9	13	18	22	72
18	5118	5161	5203	5245	5287	5328	4	8	13	17	21	71
19	5370	5411	5451	5491	5531	5571	4	8	12	16	20	70
20	5611	5650	5689	5727	5766	5804	4	8	12	15	19	69
21	5842	5879	5917	5954	5991	6028	4	7	11	15	19	68
22	6064	6100	6136	6172	6208	6243	4	7	11	14	18	67
23	6278	6313	6348	6383	6417	6452	3	7	11	14	17	66
24	6486	6520	6553	6587	6620	6654	3	7	10	14	17	65
25	6687	6720	6752	6785	6817	6850	3	7	10	13	17	64
26	6882	6914	6946	6977	7009	7040	3	6	10	13	16	63
27	7072	7103	7134	7165	7195	7226	3	6	9	12	16	62
28	7257	7287	7317	7348	7378	7408	3	6	9	12	15	61
29	7437	7467	7497	7526	7556	7585	3	6	9	12	15	60
30	7614	7643	7672	7701	7730	7759	3	6	9	12	15	59
31	7788	7816	7845	7873	7901	7930	3	6	8	11	14	58
32	7958	7986	8014	8042	8070	8097	3	6	8	11	14	57
33	8125	8153	8180	8208	8235	8263	3	5	8	11	14	56
34	8290	8317	8344	8371	8398	8425	3	5	8	11	14	55
35	8452	8479	8506	8533	8559	8586	3	5	8	11	14	54
36	8613	8639	8666	8692	8718	8745	3	5	8	11	14	53
37	8771	8797	8824	8850	8876	8902	3	5	8	10	13	52
38	8928	8954	8980	9006	9032	9058	3	5	8	10	13	51
39	9084	9109	9135	9161	9187	9212	3	5	8	10	13	50
40	9238	9264	9289	9315	9341	9366	3	5	8	10	13	49
41	9392	9417	9443	9468	9493	9519	3	5	8	10	13	48
42	9544	9570	9595	9620	9646	9671	2	5	7	10	12	47
43	9697	9722	9747	9772	9798	9823	2	5	7	10	12	46
44	9848	9874	9899	9924	9949	9975	2	5	7	10	12	45
45	0,0000	0,0025	0,0050	0,0076	0,0101	0,0126	2	5	7	10	12	44
46	0,0152	0177	0202	0227	0253	0278	2	5	7	10	12	43
47	0303	0329	0354	0379	0405	0430	2	5	7	10	12	42
48	0456	0481	0506	0532	0557	0583	3	5	8	10	13	41
49	0608	0634	0659	0685	0711	0736	3	5	8	10	13	40
50	0762	0787	0813	0839	0865	0890	3	5	8	10	13	39
°	60'	50'	40'	30'	20'	10'	1'	2'	3'	4'	5'	°

LOGARITHMES DES COTANGENTES DE 39° A 78°

LOGARITHMES DES TANGENTES DE 51° A 90°

°	0'	10'	20'	30'	40'	50'	1'	2'	3'	4'	5'	°
51	0,0916	0,0942	0,0968	0,0994	0,1020	0,1046	3	5	8	10	13	38
52	1072	1098	1124	1150	1176	1203	3	5	8	10	13	37
53	1229	1255	1281	1303	1334	1361	3	5	8	11	14	36
54	1387	1414	1441	1467	1494	1521	3	5	8	11	14	35
55	1548	1575	1602	1629	1656	1683	3	5	8	11	14	34
56	1710	1737	1765	1792	1820	1847	3	5	8	11	14	33
57	1875	1902	1930	1953	1986	2014	3	6	8	11	14	32
58	2042	2070	2098	2127	2155	2184	3	6	8	11	14	31
59	2212	2241	2270	2298	2327	2356	3	6	9	12	15	30
60	2386	2415	2444	2474	2503	2533	3	6	9	12	15	29
61	2562	2592	2622	2652	2682	2713	3	6	9	12	15	28
62	2743	2773	2804	2835	2866	2897	3	6	9	12	16	27
63	2928	2960	2991	3023	3054	3086	3	6	10	13	16	26
64	3118	3150	3183	3215	3248	3280	3	7	10	13	17	25
65	3313	3346	3380	3413	3446	3480	3	7	10	14	17	24
66	3514	3548	3582	3617	3652	3686	3	7	10	14	17	23
67	3721	3757	3792	3828	3864	3900	4	7	11	14	18	22
68	3936	3972	4009	4046	4083	4121	4	7	11	15	19	21
69	4158	4196	4234	4273	4311	4350	4	8	12	15	19	20
70	4389	4429	4468	4508	4549	4589	4	8	12	16	20	19
71	4630	4671	4713	4755'	4797	4839	4	8	13	17	21	18
72	4882	4925	4969	5013	5057	5102	4	9	13	18	22	17
73	5147	5192	5238	5284	5331	5378	5	9	14	19	23	16
74	5425	5473	5521	5570	5619	5669	5	10	15	20	25	15
75	5719	5770	5822	5373	5926	5979	5	10	16	21	26	14
76	6032	6086	6141	6196	6252	6309	6	11	17	22	28	13
77	6366	6424	6483	6542	6603	6663	6	12	18	24	30	12
78	6725	6788	6851	6915	6980	7046						11
79	7113	7181	7250	7320	7391	7463						10
80	7537	7611	7687	7764	7842	7922						9
81	8003	8085	8169	8255	8342	8431						8
82	8522	8615	8709	8806	8904	9005						7
83	9109	9214	9322	9433	9547	9664						6
84	0,9784	0,9907	1,0034	1,0164	1,0299	1,0437						5
85	1,0580	1,0728	0881	1040	1205	1376						4
86	1554	1739	1933	2135	2347	2571						3
87	2806	3055	3318	3599	3899	4221						2
88	4569	4947	5361	5819	6331	6911						1
89	1,7581	1,8373	1,9342	2,0591	2,2352	2,5363						0
°	60'	50'	40'	30'	20'	10'	1'	2'	3'	4'	5'	°

LOGARITHMES DES COTANGENTES DE 0° A 39°

SINUS ET TANGENTES NATURELS DE 0° A 45°

°	Sinus	10'	20'	30'	40'	50'	Tangente	10'	20'	30'	40'	50'	°
0°	0,0000	29	58	87	116	145	0,0000	29	58	87	116	145	90
1	0,0175	29	58	87	116	145	0175	29	58	87	116	145	89
2	0349	29	58	87	116	145	0349	29	58	87	117	146	88
3	0523	29	58	87	116	145	0524	29	58	87	117	146	87
4	0698	29	58	87	116	145	0699	29	59	87	118	147	86
5	0872	29	58	86	115	144	0875	29	59	88	118	147	85
6	1045	3	6	9	12	14	1051	3	6	9	12	15	84
7	122	3	6	9	12	14	123	3	6	9	12	15	83
8	139	3	6	9	12	14	140	3	6	9	12	15	82
9	156	3	6	9	12	14	158	3	6	9	12	15	81
10	174	3	6	9	12	14	176	3	6	9	12	15	80
11	191	3	6	9	11	14	194	3	6	9	12	15	79
12	208	3	6	9	11	14	213	3	6	9	12	15	78
13	225	3	6	9	11	14	231	3	6	9	12	15	77
14	242	3	6	8	11	14	249	3	6	9	12	16	76
15	259	3	6	8	11	14	268	3	6	9	13	16	75
16	276	3	6	8	11	14	287	3	6	9	13	16	74
17	292	3	6	8	11	14	306	3	6	10	13	16	73
18	309	3	6	8	11	14	325	3	6	10	13	16	72
19	326	3	6	8	11	14	344	3	6	10	13	17	71
20	342	3	5	8	11	14	364	3	7	10	13	17	70
21	358	3	5	8	11	14	384	3	7	10	13	17	69
22	375	3	5	8	11	14	404	3	7	10	14	17	68
23	391	3	5	8	11	14	424	3	7	10	14	17	67
24	407	3	5	8	11	13	445	4	7	10	14	18	66
25	423	3	5	8	11	13	466	4	7	11	14	18	65
26	438	3	5	8	10	13	488	4	7	11	15	18	64
27	454	3	5	8	10	13	509	4	7	11	15	18	63
28	469	3	5	8	10	13	532	4	8	11	15	19	62
29	485	3	5	8	10	13	554	4	8	12	15	19	61
30	500	3	5	8	10	13	577	4	8	12	16	20	60
31	515	2	5	7	10	12	601	4	8	12	16	20	59
32	530	2	5	7	10	12	625	4	8	12	16	20	58
33	545	2	5	7	10	12	649	4	8	13	17	21	57
34	559	2	5	7	10	12	674	4	9	13	17	21	56
35	574	2	5	7	10	12	700	4	9	13	18	22	55
36	588	2	5	7	9	12	726	5	9	14	18	23	54
37	602	2	5	7	9	12	754	5	9	14	18	23	53
38	616	2	5	7	9	11	781	5	10	14	19	24	52
39	629	2	4	7	9	11	810	5	10	15	20	24	51
40	643	2	4	7	9	11	839	5	10	15	20	25	50
41	656	2	4	7	9	11	869	5	10	16	21	26	49
42	669	2	4	6	9	11	900	5	11	16	21	27	48
43	682	2	4	6	8	11	932	6	11	17	22	28	47
44	0,695	2	4	6	8	10	0,966	6	11	17	23	29	46°
°	Cosinus	10'	20'	30'	40'	50'	Cotangente	10'	20'	30'	40'	50'	°

COSINUS ET COTANGENTES NATURELS DE 45° A 90°

SINUS ET TANGENTES NATURELS DE 45° A 90°

°	Sinus	10'	20'	30'	40'	50'	Tangente	10'	20'	30'	40'	50'	°
45	0,707	2	4	6	8	10	1,000	6	12	18	24	30	45
46	719	2	4	6	8	10	035	6	12	18	25	31	44
47	731	2	4	6	8	10	. 072	6	13	19	25	32	43
48	743	2	4	6	8	9	110	7	13	20	26	33	42
49	755	2	4	6	8	9	150	7	14	21	28	34	41
50	766	2	4	6	7	9	192	7	14	22	29	36	40
51	777	2	4	5	7	9	235	8	15	23	30	38	39
52	788	2	4	5	7	9	280	8	16	23	31	39	38
53	799	2	3	5	7	9	327	8	16	25	33	41	37
54	809	2	3	5	7	8	376	9	17	26	34	43	36
55	819	2	3	5	7	8	428	9	18	27	36	45	35
56	829	2	3	5	6	8	483	10	19	29	38	48	34
57	839	2	3	5	6	8	54	1	2	3	4	5	33
58	848	2	3	5	6	8	60	1	2	3	4	5	32
59	857	1	3	4	6	7	66	1	2	3	4	6	31
60	866	1	3	4	6	7	73	1	2	4	5	6	30
61	875	1	3	4	6	7	80	1	3	4	5	6	29
62	883	1	3	4	5	7	88	1	3	4	5	7	28
63	891	1	3	4	5	6	96	1	3	4	6	7	27
64	899	1	3	4	5	6	2,05	2	3	5	6	8	26
65	906	1	2	4	5	6	14	2	3	5	7	8	25
66	913	1	2	3	5	6	25	2	4	5	7	9	24
67	920	1	2	3	4	6	36	2	4	6	8	10	23
68	927	1	2	3	4	5	47	2	4	6	9	11	22
69	934	1	2	3	4	5	60	2	5	7	9	12	21
70	940	1	2	3	4	5	75	3	5	8	10	13	20
71	945	1	2	3	4	5	90	3	6	9	11	14	19
72	951	1	2	3	4	4	3, 08	3	6	10	13	16	18
73	956	1	2	2	3	4	27	4	7	11	14	18	17
74	961	1	2	2	3	4	49	4	8	12	16	20	16
75	966	1	1	2	3	4	73	5	9	14	19	23	15
76	970	1	1	2	3	3	4, 01	5	11	16	21	27	14
77	974	1	1	2	3	3	33	6	12	19	25	31	13
78	978	1	1	2	2	3	70	7	15	22	29	36	12
79	982	1	1	2	2	3	5, 14	9	17	26	35	44	11
80	985	0	1	1	2	2	67	11	22	33	44	54	10
81	988	0	1	1	2	2	6. 31						9
82	990	0	1	1	2	2	7, 11						8
83	992	0	1	1	1	2	8, 14						7
84	994	0	1	1	1	1	9, 51						6
85	996	0	0	1	1	1	11, 43						5
86	998	0	0	1	1	1	14, 30						4
87	999	0	0	0	1	1	19, 1						3
88	999	0	0	0	0	0	28, 6						2
89	1,000	0	0	0	0	0	57, 3						1
°	Cosinus	10'	20'	30'	40'	50'	Cotangente	10'	20'	30'	40'	50'	°

COSINUS ET COTANGENTES NATURELS DE 0° A 45°

MM. ROBINE et LENGLEN, *L'Industrie des Cyanures*, 1 vol. . . . 15 f

M. A. JOANNIS, professeur à la Faculté des Sciences de Paris. *Chim[ie] organique appliquée*, 1 406 pages en 2 vol. . . . 35 f

M. G. FROIDE (Médaille d'argent à l'exposition de 1900). *Accidents [du] travail et assurances contre ces accidents*, 1 vol de 646 pages. 7 fr

M. L. GESCHWIND, ingénieur-chimiste. *Industries du sulfate d'alum[i]rium, des aluns et des sulfates de fer*, 1 vol. avec 195 figures (Tr[a]duit en anglais) . . . 10 f

MM. GESCHWIND et STEINER (médaille d'argent de la Société nationa[le] d'agriculture et médaille d'or des agriculteurs de France). *La Bett[e]rave agricole et industrielle*, 1 vol avec 120 figures . . . 20 f

MM. C. BRISSE, professeur du Cours de Géométrie descriptive à l'Éco[le] centrale, et H. PIQUET. *Cours de Géométrie descriptive de l'École cen[t]rale*, 1 vol. . . . 17 fr.

M. M. D'OCAGNE. *Géométrie descriptive et Géométrie infinitésimale* (cou[rs] de l'Ecole des ponts et chaussées, 1 vol., 340 fig . . . 12 f

M. HUBERT-VALLEROUX, avocat. *Les associations ouvrières et les associa[tions patronales*, 1 vol. de 361 pages . . . 10 f

M. P. GUÉDON. *Traité pratique des Chemins de fer (intérêt local) et d[es] Tramways*, 1 vol. . . . 11 f

M. LE VERRIER, professeur à l'Ecole des Mines et au Conservatoire d[es] Arts et Métiers. *Métallurgie générale. Procédés de chauffage*, 1 vol [de] 370 pages avec 171 figures . . . 12 f

M. BRICKA. *Cours de chemins de fer de l'École des ponts et chaussées* [...] vol., 1343 pages et 464 figures . . . 40 f

MM. VICAIRE et MAISON. *Cours de Chemins de fer de l'École des Mine[s]* 1 vol. . . . 20 f

M. DENFER. *Architecture et constructions civiles* (Cours d'architecture [à] l'Ecole centrale) :

-- *Maçonnerie*, 2 vol. avec 794 figures . . . 40 f

— *Charpente en bois et menuiserie*, 1 vol., avec 680 figures. . 45 f

— *Couverture des édifices*, 1 vol., avec 423 figures . . . 20 f

— *Charpenterie métallique, menuiserie en fer et serrurerie*, 2 vol., av[ec] 1.050 figures. . . . 40 f

— *Fumisterie (Chauffage et ventilation)*, 1 vol. de 726 pages, avec 7[..] figures (numérotées de 1 à 375, l'auteur affectant chaque groupe [de] figures d'un numéro seulement) . . . 25 f

— *Plomberie : Eau, Assainissement, Gaz*, 1 vol. de 568 pages avec 3[..] figures . . . 20 f

M. AGUILLON. La *Législation en France, dans les colonies et protectorat[s]*. 2e édition (très augmentée), 1 très fort volume, 1 011 pages . . . 25 f

— Les *Législations étrangères* . . . 15 f

M. LORENZ, professeur à la faculté de Halle. *Machines frigorifiques*[...] traduction de PERU, professeur à la faculté des sciences de Nancy, [et] JAQUET, 1 vol., 131 figures. . . . 7 f

M. TOLDT. *Traité des fours à gaz à chaleur régénérée*, traduit par DO[...] MER, 1 vol. de 392 pages . . . 11 f

M. J. RESAL. *Traité des ponts en maçonnerie*, (en collaboration av[ec] M. DEGRAND), 2 vol., avec 600 figures. . . . 40 f

— *Traité des ponts métalliques*, 2 volumes, dont un en seconde édition (chaque volume 20 fr), 500 figures. . . . 40 f

— *Constructions métalliques, élasticité et résistance des matériaux : Font[e] fer et acier*, 1 vol. de 652 pages avec 203 figures . . . 20 f

— *Cours de ponts*, professé à l'Ecole des ponts et chaussées, 1 vol. ([...] 410 p.), avec 284 fig. (*Etudes générales et ponts en maçonnerie*) 14 f

— *Cours de Résistance des matériaux*, (Ecole des ponts et chaussées[...]) 1 vol. avec 120 figures . . . 16 f

— *Cours de stabilité des constructions*, 1 vol. avec 240 figures. 20 f

— *Poussée des terres et stabilité des murs de soutènement*, 1 vol. 10 f